广东省"十四五"职业教育规划教材

职业教育机械类专业系列教材

车铣钳技术与项目实训

主　编　张方阳　魏国军　刘锦杭

副主编　张观华　陈　兵　熊东海　张本龙

U0226166

电子工业出版社

Publishing House of Electronics Industry

北京·BEIJING

内 容 简 介

本书按"金工实习"项目式教学理念编写，共设置了钳工技术及实训操作、钳工实训项目、车削技术及机床操作、车削实训项目、铣削技术及机床操作、铣削实训项目、综合实训项目七章。本书注重理论联系实际，内容丰富，详略得当。本书既可以作为机电一体化专业的教材，也可以作为数控技术应用、机械设计与制造、工业机器人等专业的教学用书，还可以作为培训机构的培训用书。

图书在版编目（CIP）数据

车铣钳技术与项目实训 / 张方阳，魏国军，刘锦杭主编. —北京：电子工业出版社，2019.12（2025.1 重印）

ISBN 978-7-121-35566-0

Ⅰ. ①车… Ⅱ. ①张… ②魏… ③刘… Ⅲ. ①铣削 Ⅳ. ①TG54

中国版本图书馆 CIP 数据核字（2018）第 260726 号

责任编辑：李　静　　　　　特约编辑：王　纲
印　　刷：北京盛通数码印刷有限公司
装　　订：北京盛通数码印刷有限公司
出版发行：电子工业出版社
　　　　　北京市海淀区万寿路 173 信箱　邮编 100036
开　　本：787×1092　1/16　印张：9.5　字数：273.6 千字
版　　次：2019 年 12 月第 1 版
印　　次：2025 年 1 月第 8 次印刷
定　　价：35.80 元

凡所购买电子工业出版社图书有缺损问题，请向购买书店调换。若书店售缺，请与本社发行部联系，联系及邮购电话：(010) 88254888，88258888。

质量投诉请发邮件至 zlts@phei.com.cn，盗版侵权举报请发邮件至 dbqq@phei.com.cn。

本书咨询联系方式：(010) 88254604，lijing@phei.com.cn。

前　言

　　"车铣钳技术与项目实训"课程是职业院校机械类专业学生必修的"金工实习"课程，涵盖钳工、车工、铣工技术理论知识及综合实训。其目的是使学生掌握钳工、车工、铣工工艺与操作的基本知识和基本技能。本书从培养实用型、技能型、技术型人才出发，充分考虑了职业院校学生的特点，结合近年来多位教师的教学经验，内容更加贴近教学实践，可满足学生的知识需求。

　　限于编者水平有限，书中疏漏或不足之处在所难免，恳请广大读者批评指正。

编　　者

2019 年 9 月

目　　录

第一章 钳工技术及实训操作

一、钳工常用设备

1. 钳台

钳台是钳工进行生产操作的工作台（如图 1-1 所示），一般是用厚木制成的坚固的桌子。因为木质材料具有消声、吸振作用，而且工作时桌子受到不同方向力的作用，所以桌子要做得很厚实，使其具有较长的使用寿命。另外，桌面上要摆放坚硬的金属工件及器具，常会刮伤桌面，所以桌面要包一层铁质蒙面（铁皮）。为防止工件或铁屑飞出伤人，还须在钳台中间安装防护网；为固定被加工工件，须在每个工位安装台虎钳；钳台下面有抽屉，可放置一些简单的工具、量具和刀具。

图 1-1　钳台

2. 钻床

钻床是钳工对工件进行钻孔（如图 1-2 所示）、扩孔、铰孔、攻丝等操作的设备。钻床有台式钻床、立式钻床、摇臂钻床等。

台式钻床（如图 1-3 所示）结构简单，通常用来加工小型工件上的小孔。操作时要把工件固定好。可以用小平口钳、手虎钳等夹紧工件或将工件直接固定在工作台上。钻孔时，不能让工件发生移动、转动，以免发生事故。如发生异常情况，应立即切断电源。工作时要戴好工作帽，但不能戴手套，以免钻头旋转时钩住头发和手套而伤人。

图 1-2　钻孔

图 1-3　台式钻床

3. 砂轮机

砂轮机通常是在电动机两端的伸出轴上安装盘形砂轮构成的（如图 1-4 所示）。电动机固定在座架上。利用旋转的砂轮磨削錾子、钻头等工具或刀具，也可磨削工件。砂轮有两种，一种是白色氧化铝砂轮，常用来磨削高速钢刀具；另一种是绿色碳化硅砂轮，质地坚硬而脆，常用来磨削硬质合金刀具、玻璃、陶瓷和非金属材料。

砂轮机使用时必须注意以下事项。

（1）砂轮安装在电动机伸出轴上，用螺母拧紧，螺母的旋向必须与砂轮的旋转方向相反（如图 1-5 所示），否则砂轮切削工件时的反作用力会使已锁紧的螺母松脱。所以，左、右砂轮的两个锁紧螺母应分别为左、右旋向螺纹，不能搞错。

（2）砂轮的旋转方向应是靠人的一侧向下，使磨削的粉尘、火花向下（如图 1-6 所示）。

（3）在磨削工件前一定要先观察砂轮转动是否平稳，是否有异常情况。

（4）使用砂轮机的操作人员应站在砂轮旋转平面的一侧，以免砂轮崩裂伤人。

图 1-4　砂轮机　　　　　　　　图 1-5　紧固砂轮

图 1-6　砂轮的旋转方向

4. 虎钳

虎钳是用来夹持、固定工件的工具，安装在钳台上的称为台虎钳（如图 1-7 所示），在机床上使用的是机用虎钳（如图 1-8 所示）。

图 1-7　台虎钳　　　　　　　　图 1-8　机用虎钳

台虎钳使用时要注意以下事项。

（1）操作时要检查锁紧螺母是否将虎钳固定，不能有松动现象。

（2）依靠手的力量扳动手柄夹紧工件时，不能用力过大，以免损坏丝杠、螺母或钳身。

（3）丝杠、螺母的相对滑动部分应适当加入润滑油进行润滑和防锈。

二、钳工基本技能

钳工基本技能包括画线、錾削、锯削、锉削、钻孔、锪孔、铰孔、攻丝和套丝。

1.画线

1）长度单位

我国机械工程中使用的米制长度单位的名称、符号和进位关系如下。

米	分米	厘米	毫米	丝米	忽米	微米
m	dm	cm	mm	dmm	cmm	μm

$$1m=10dm=10^2cm=10^3mm=10^4dmm=10^5cmm=10^6\mu m$$

长度的测量单位是米，但机械工程中所标注的米制尺寸是以毫米为单位的，而且为了方便，在图纸上以毫米为单位的尺寸规定不注单位符号，如 100 即 100mm，0.03 即 0.03mm。

英制单位名称和进位关系为 1ft=12in。

公英制单位的换算关系为 1in=25.4mm。

2）画线工具及其使用方法

钢直尺主要用来量取尺寸、测量工件，也可作为画线时的导向工具。

画线平板是由铸铁毛坯经过精刨或刮削制成的，是放置工件进行画线的基准平面。

划针如图 1-9（a）所示，用来在工件上画线条，由弹簧钢丝或工具钢制成，直径一般为 3～5mm，尖端磨成 15°～20° 的尖角，并经淬火热处理以提高其硬度和耐磨性。在铸件、锻件等表面上画线时，常用尖部焊有硬质合金的划针。画线时针尖要紧靠导向工具的边缘，上部向外侧倾斜 15°～20°，向画线方向倾斜 45°～75°，画线时要尽量做到一次划成，如图 1-9（b）所示。

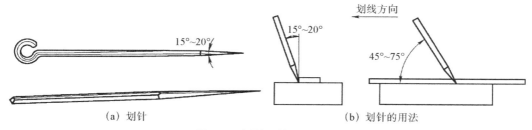

（a）划针　　　　　　　　　　　　（b）划针的用法

图 1-9　划针及其使用方法

划规如图 1-10 所示，用中碳钢或工具钢制成，两脚尖部经淬火后磨锐，用来划圆和圆弧、等分线段、等分角度及量取尺寸等。划规两脚的长度要磨得稍有不同，两脚合拢时脚尖才能靠紧。用划规划圆时，作为旋转中心的一脚应施加较大的压力，另一脚则以较小的压力在工件表面上划出圆或圆弧，这样可使中心不滑动。

画线盘如图 1-11 所示，是直接画线或找正工件位置的工具。一般情况下，划针的直头用来画线，弯头用来找正工件。

图 1-10　划规

高度游标卡尺如图 1-12 所示，是比较精密的量具及画线工具。它可以用来测量高度，又可以用量爪直接画线。

图 1-11　画线盘

图 1-12　高度游标卡尺

90° 角尺及其使用方法如图 1-13 所示，90° 角尺常用作划平行线、垂直线的导向工具，也可用来找正工件在画线平台上的垂直位置。

图 1-13　90° 角尺及其使用方法

样冲用于在工件所划的加工线条上打样冲眼，或者用于划圆弧或钻孔时的定位中心打眼。它一般用工具钢制成，尖端处淬硬，其顶尖角度在用于加强界限标记时大约为 40°，用于钻孔定中心时约取 60°。使用时，先将样冲外倾使尖端对准线的正中，然后将样冲直立冲点，如图 1-14 所示。

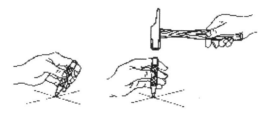

图 1-14 样冲的使用方法

3）画线的步骤

（1）看清、看懂图纸，详细了解工件上需要画线的部位，明确工件及画线有关部分的作用和要求，了解相关的加工工艺。

（2）选定画线基准。

（3）初步检查毛坯的误差情况，给毛坯涂色。

（4）正确放置工件和选用画线工具。

（5）画线。

（6）仔细对照图纸检查画线的准确性，看是否有遗漏的地方。

（7）在线条上打样冲眼。

2. 錾削

1）錾子的刃磨和热处理

（1）刃磨方法。

錾子楔角的刃磨方法如图 1-15（a）所示，双手握住錾子，在砂轮的轮缘上进行刃磨。刃磨时，必须使切削刃高于砂轮水平中心线，在砂轮全宽上做左右移动，并要控制錾子的方向、位置，保证磨出所需的楔角。刃磨时加在錾子上的压力不宜过大，左右移动要平稳、均匀，并要经常蘸水冷却，以防退火。

（2）热处理方法。

当錾子的材料为 T7 或 T8 钢时，把錾子切削部分约 20mm 长的一段均匀加热到 750～780℃（呈樱红色）后迅速取出，垂直地把錾子放入冷水中（浸入深度为 5～6mm），并沿着水面缓慢地移动，即完成淬火，如图 1-15（b）所示。錾子的回火是利用本身的余热进行的，当錾子露出水面的部分变成黑色时，将其从水中取出，迅速擦去氧化皮，观察錾子刃部的颜色变化，刚出水时的颜色是白色，随后由白色变为黄色，再由黄色变为蓝色。在黄色时把錾子全部浸入水中冷却的回火称为"黄火"，在蓝色时把錾子全部浸入水中冷却的回火称为"蓝火"。"黄火"的硬度比"蓝火"高，錾子不易磨损，但脆性较大，"蓝火"的硬度适中。

（3）刃磨錾子时的安全注意事项。

①磨削錾子时要站在砂轮机的侧面，不能正对砂轮的旋转方向。

②为了避免铁屑飞溅伤害眼睛，刃磨时必须戴好防护眼镜。

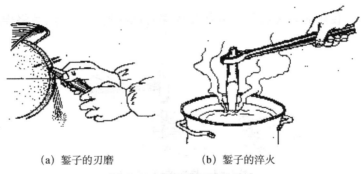

(a) 錾子的刃磨　　　　　　　(b) 錾子的淬火

图 1-15　錾子的刃磨和淬火

③开动砂轮机后必须观察旋转方向是否正确（应顺时针方向转动），并应等到砂轮旋转平稳后再进行磨削。

④砂轮机托架和砂轮之间的距离应保持在 3mm 以内，以防止工件扎入造成事故。

⑤刃磨时对砂轮施加的压力不可太大，发现砂轮表面跳动严重时，应及时检修。

⑥不可用棉纱裹住錾子进行刃磨。

2）錾削姿势

（1）錾子的握法如图 1-16 所示。

①正握法：手心向下，腕部伸直，用左手的中指、无名指握住錾子，小指自然合拢，食指和大拇指自然接触，錾子头部伸出约 20mm，如图 1-16（a）所示。

②反握法：手心向上，手指自然捏住錾子，手掌悬空，如图 1-16（b）所示。

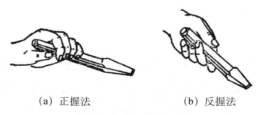

(a) 正握法　　　　　　　(b) 反握法

图 1-16　錾子的握法

（2）锤子的握法如图 1-17 所示，锤子一般用右手的 5 个手指满握，大拇指轻轻压在食指上，虎口对准锤头方向，木柄尾端露出 15～30mm。在敲击过程中握锤的方法有紧握法和松握法两种。紧握法是 5 个手指从举起锤子至敲击始终都保持不变，如图 1-17（a）所示。松握法是在举起锤子时小指、无名指、中指依次放松，敲击时再以相反的次序依次收紧，这种握法的优点是手不易疲劳且锤击力大，如图 1-17（b）所示。

（3）操作时的站立位置和锯削相似，左脚跨前半步，两腿自然站立，身体重心稍微偏于后脚，视线要落在工件的切削部位，不应注视锤击部位。

（4）挥锤有腕挥、肘挥和臂挥三种方法，如图 1-18 所示。腕挥是仅用手腕的动作进行锤击运动，采用紧握法握锤，一般用于錾削余量较小的情况及錾削开始或结尾。肘挥是手腕与肘部一起做锤击运动，采用松握法握锤，因挥动幅度较大，故锤击力也较大，这种方法应用最多。臂挥是手腕、肘和全臂一起运动，其锤击力最大，用于需要大力錾削的场合。

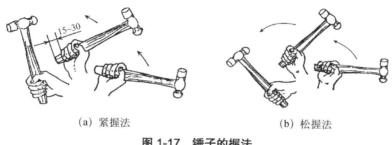

(a) 紧握法　　　　　　　　　　　　　(b) 松握法

图 1-17　锤子的握法

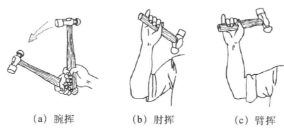

(a) 腕挥　　　　　(b) 肘挥　　　　　(c) 臂挥

图 1-18　挥锤方法

3）錾削平面

（1）錾削时的起錾方法有斜角起錾和正面起錾两种，如图 1-19 所示。在錾削平面时，应采用斜角起錾的方法，即先在工件的边缘尖角处，将錾子放成 θ 角，錾出一个斜面，然后按正常的錾削角度逐步向中间錾削，如图 1-19（a）所示。在錾削槽时，则采用正面起錾，如图 1-19（b）所示。

（2）在錾削过程中，一般每錾削两三次后，可将錾子退回一些，做一次短暂的停顿，然后再将刃口顶住錾削处继续錾削。

（3）当錾削接近尽头 10～15mm 时，必须调头錾去余下部分，否则极易使工件边缘崩裂，造成废品，如图 1-20 所示。

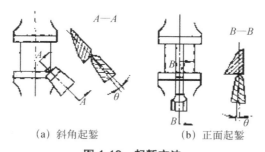

(a) 斜角起錾　　　　　　　　(b) 正面起錾

图 1-19　起錾方法

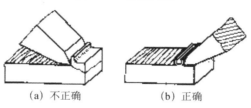

(a) 不正确　　　　　　　　(b) 正确

图 1-20　平面尽头的錾削

4）錾削安全注意事项

（1）工件在台虎钳中必须夹紧，伸出高度以离钳口 10～15mm 为宜，同时下面要加木衬垫。

（2）錾削时要防止切屑飞出伤人，应设置防护网，操作者须戴上防护眼镜。

（3）錾屑要用刷子刷掉，不得用手擦或用嘴吹。

（4）錾削时要防止錾子在錾削部位滑出，錾子用钝后要及时刃磨锋利，并保持正确的楔角。

（5）发现锤子木柄有松动或损坏时，要立即装牢或更换，以防锤头飞出；錾子、锤子头部和木柄上不应沾有油，以免使用时打滑。

（6）錾子和锤子的头部如有明显的毛刺，应及时磨去。

3. 锯削

1）手锯握法和锯削姿势、压力及速度

（1）握法：右手满握锯柄，左手轻扶在锯弓前端，如图 1-21 所示。

（2）姿势：锯削时操作者的站立位置如图 1-22 所示，身体略向下倾斜，以便于向前推压用力。

（3）压力：做锯削运动时，推力和压力由右手控制，左手主要配合右手扶正锯弓，压力不要过大。手锯推出时为切削行程，应施加压力；返回行程不切削，不加压力，自然拉回。工件将断时压力要小。

（4）运动和速度：锯削时锯弓的运动方式有两种，一种是直线运动，这种方式适合初学者。另一种是小幅度的上下摆动式运动，即推进时左手上翘，右手下压；回程时右手上抬，左手自然跟回。锯削运动的速度一般为每分钟 30 次左右。

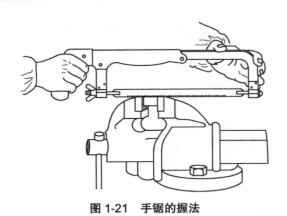

图 1-21　手锯的握法　　　　图 1-22　锯削时操作者的站立位置

2）锯削操作方法

（1）锯条的安装：安装锯条应使齿尖的方向朝前，如图 1-23 所示。其松紧程度以用手扳动锯条，感觉硬实且有一点弹性为宜。

（2）起锯方法：起锯是锯削的开头，直接影响锯削质量。起锯分远起锯和近起锯，如图 1-24 所示。通常情况下，采用远起锯。因为采用这种方法，锯齿不易被卡住，起锯时左手

拇指靠住锯条，使锯条正确地锯在所需要的位置上，行程要短，压力要小，速度要慢。无论用远起锯还是近起锯，起锯角都应在 15° 左右，如果起锯角太大，切削阻力大，尤其是近起锯时，锯齿会被工件棱边卡住，引起崩裂。起锯角太小，则不易切入材料，容易跑锯而划伤工件。

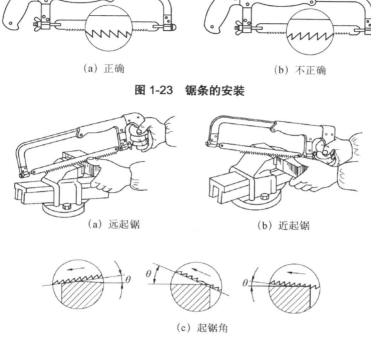

(a) 正确   (b) 不正确

图 1-23   锯条的安装

(a) 远起锯   (b) 近起锯

(c) 起锯角

图 1-24   起锯方法

3）各种材料的锯削方法

（1）对于薄壁管子和精加工过的管子，应将其夹在有 V 形槽的两木衬垫之间，如图 1-25（a）所示，以防将管子夹扁和夹坏表面。在锯透管壁时要向前转一个角度再锯，否则锯齿会很快损坏，如图 1-25（b）所示。

（2）板料的锯缝一般较长，工件的装夹要有利于锯削操作，如图 1-26 所示。

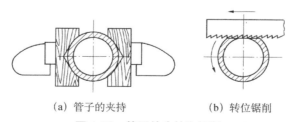

(a) 管子的夹持   (b) 转位锯削

图 1-25   管子的夹持和锯削

4）锯条折断的原因

（1）锯条装得过松或过紧。

（2）工件未夹紧，锯削时工件有松动现象。

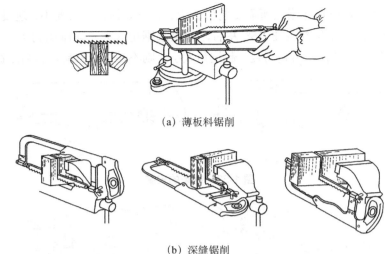

（a）薄板料锯削

（b）深缝锯削

图 1-26　板料的锯削

（3）强行纠正歪斜的锯缝，或者调换新锯条后仍在原锯缝过猛地锯下。

（4）锯削压力过大或锯削方向突然偏离锯缝方向。

（5）锯条中间局部磨损，当拉长锯削时锯条被卡住，引起折断。

（6）工件被锯断时没有降低锯削速度和减小锯削压力，使手突然失去平衡而折断锯条。

5）锯齿崩裂的原因

（1）锯条选择不当，如锯薄板料、管子时用粗齿锯条。

（2）起锯角太大或近起锯时用力过大。

（3）锯削时突然加大压力，锯齿被工件棱边钩住而崩裂。

6）锯缝歪斜的原因

（1）工件安装时，锯缝线未能与铅垂线方向一致。

（2）锯条安装太松或相对锯弓平面扭曲。

（3）使用锯齿两面磨损不均的锯条。

（4）锯削压力过大使锯条左右偏摆。

（5）锯弓未扶正或用力歪斜，使锯条偏离锯缝中心平面而斜靠在锯削断面的一侧。

7）安全知识

（1）锯条要装得松紧适当，锯削时要控制好压力，防止锯条突然折断、失控，使人受伤。

（2）工件将要锯断时，压力要小，避免压力过大使工件突然断开，手向前冲造成事故。一般工件将要锯断时，要用左手扶住工件断开部分，避免掉下砸伤脚。

4. 锉削

用锉刀对工件表面进行切削加工，使工件达到所要求的尺寸、形状和表面粗糙度的操作称为锉削。锉削精度可以达到 0.01mm，表面粗糙度值可达 $Ra0.8\mu m$。

锉削的应用范围很广，可以锉削平面、曲面、外表面、内孔、沟槽和各种形状复杂的表面，还可以配键、做样板、修整个别零件的几何形状等。

1）平面的锉法

（1）顺向锉：顺向锉是最常用的锉削方法，如图 1-27 所示。锉刀运动方向与工件夹持方向始终一致，面积不大的平面和最后锉光都采用这种方法。顺向锉可得到直锉痕，比较整齐美观，精锉时常采用。

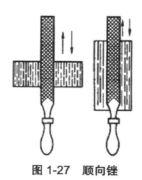

图 1-27 顺向锉

（2）交叉锉：锉刀与工件夹持方向约呈 35°，且锉痕交叉。交叉锉如图 1-28 所示，锉刀与工件的接触面积增大，锉刀容易掌握平稳。交叉锉一般用于粗锉。

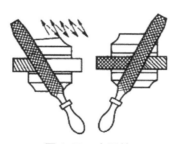

图 1-28 交叉锉

（3）推锉：如图 1-29 所示，推锉一般用来锉削狭长平面，常在使用顺向锉法时锉刀受阻的情况下使用。推锉不能充分发挥手臂的力量，故锉削效率低，只适用于加工余量较小的情况和修整尺寸。

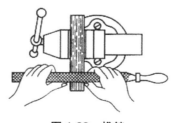

图 1-29 推锉

2）锉削站姿

锉削站姿如图 1-30 所示。

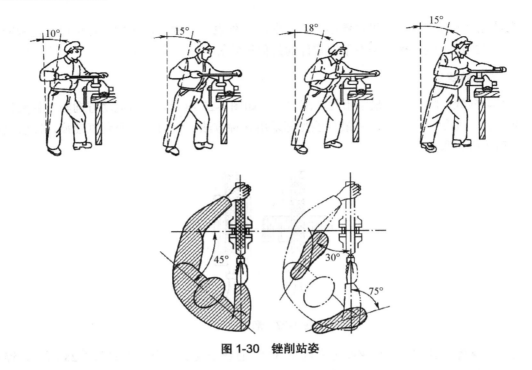

图 1-30　锉削站姿

5. 钻孔

用钻头在实体材料上加工孔的操作称为钻孔。由于钻头的刚性和精度差，钻孔的加工精度不高，一般公差等级为 IT10～IT9。钻孔时，钻头除旋转（切削运动）外，还沿着轴向移动（进给运动），如图 1-31 所示。钻头的切削速度以最大线速度表示，进给量以钻头每转一周沿轴向移动的距离表示。

1）台式钻床

台式钻床是一种小型钻床，一般用来加工小型工件上直径小于 13mm 的小孔，其结构如图 1-32 所示。

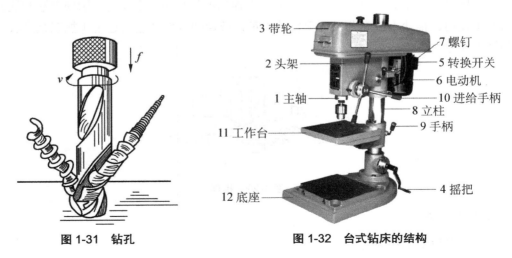

图 1-31　钻孔　　　　图 1-32　台式钻床的结构

- 14 -

（1）传动变速。

操纵电器转换开关 5，能使电动机 6 正、反转启动或停止。电动机的旋转动力分别由装在电动机和头架 2 上的五级 V 带轮（塔轮）3 和 V 带传给主轴 1。改变 V 带在两个塔轮五级轮槽中的安装位置，可使主轴获得五级转速。

钻孔时必须使主轴做顺时针方向转动（正转）。变速时必须先停机。松开螺钉 7 可推动电动机前后移动，借以调节 V 带的松紧，调节后应将螺钉拧紧。主轴的进给运动由手动操纵进给手柄 10 控制。

（2）钻轴头架的升降调整。

头架 2 安装在立柱 8 上，调整时先松开手柄 9，旋转摇把 4 使头架升降到需要的位置，然后再旋转手柄 9 将其锁紧。台式钻床用直柄钻头，直柄钻头用钻夹头夹持。先将钻头柄塞入钻夹头的三只卡爪内，其夹持长度不能小于 15mm，然后用钻夹头钥匙旋转外套，使环形螺母带动三只卡爪移动，做夹紧或放松动作。

2）立式钻床

立式钻床简称立钻，常用的 Z525 立钻如图 1-33 所示。立钻一般用来钻中、小型工件上的孔，最大钻孔直径有 25mm、35mm、40mm 和 50mm 几种。

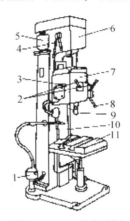

1—电动机；2、4—变速手柄；3—手柄；
5—主电动机；6—主轴变速箱；
7—进给变速箱；8—进给手柄；9—主轴；
10—立柱；11—工作台

图 1-33　立式钻床

（1）主要机构的使用与调整。

主轴变速箱 6 位于机床的顶部，主电动机 5 安装在它的后面，变速箱左侧有两个变速手柄 4，参照机床的变速标牌，调整这两个手柄的位置，能使主轴 9 获得 9 级不同转速。

进给变速箱 7 位于主轴变速箱和工作台 11 之间，安装在立柱 10 的导轨上。进给变速箱的位置可按被加工工件的高度进行调整。调整前须首先松开锁紧螺钉，待调整到所需高度，再将锁紧螺钉锁紧。进给变速箱左侧的手柄 3 为主轴正、反转启动或停止的控制手柄。正面有两个较短的进给变速手柄 2，按变速标牌指示的进给速度与对应的手柄位置扳动手柄，可获得所需的机动进给速度。

在进给变速箱的右侧有三星式进给手柄 8，这个手柄连同箱内的进给装置称为进给机构。用它可以选择机动进给、手动进给、超越进给、螺纹进给等不同的操作方式。

工作台 11 安装在立柱导轨上，可通过安装在工作台下面的升降机构进行操纵，转动升降手柄即可调节工作台的高度。

在立柱左边底座凸台上安装有切削液泵和电动机 1，开动电动机即可输送切削液对刀具进行冷却润滑。

（2）使用规则。

使用前必须空车试转，检查运转是否正常。

不用机动进给时，应断开机动进给传动。

变速或机动进给必须在停车后进行。

立式钻床上多用锥柄钻头。钻头可直接装夹在钻床主轴锥孔内。装锥柄钻头时，先用棉纱擦干净钻头锥柄和主轴锥孔，将钻头锥柄轻放在主轴锥孔内，扁头对准主轴上的通孔，用力上推，利用加速冲力一次装接成功，如图 1-34（a）所示。当钻头锥柄尺寸小于主轴锥孔时，可加过渡套安装，如图 1-34（b）所示。拆卸锥柄钻头时，一手握钻头，另一手用锤轻击楔铁，如图 1-34（c）所示。

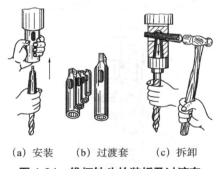

（a）安装　　（b）过渡套　　（c）拆卸

图 1-34　锥柄钻头的装拆及过渡套

3）钻头的刃磨方法

（1）标准麻花钻的刃磨示意图如图 1-35 所示。

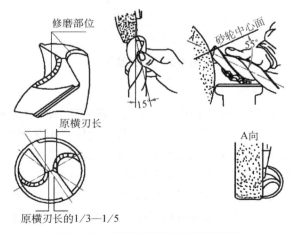

图 1-35　标准麻花钻的刃磨示意图

刃磨对加工的影响。图 1-36（a）为正确刃磨；图 1-36（b）为不对称刃磨；图 1-36（c）为主切削刃长度不一致；图 1-36（d）为两个角不对称，主切削刃长度也不一致。钻头刃磨不正确将使钻出的孔扩大或歪斜；同时，由于两主切削刃所受的切削抗力不均衡，将造成钻头摆振，磨损加剧。

两个主后刀面要刃磨光滑。

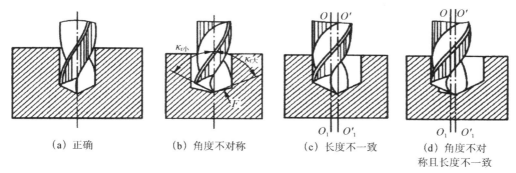

（a）正确　　　　（b）角度不对称　　　　（c）长度不一致　　　　（d）角度不对称且长度不一致

图 1-36　钻头刃磨情况对加工的影响

（2）标准麻花钻的刃磨及检验方法。

两手握法：右手握住钻头的导向部分，左手握住柄部。

钻头与砂轮的相对位置：钻头轴线与砂轮圆柱母线在水平面内的夹角等于钻头角 2φ 的一半，被刃磨部分的主切削刃处于水平位置，如图 1-37（a）所示。

刃磨动作：将主切削刃在略高于砂轮水平中心平面处先接触砂轮，如图 1-37（b）所示。右手缓慢地使钻头绕自己的轴线由下向上转动，同时施加适当的刃磨压力，这样可使整个后面都被磨到。左手配合右手做缓慢同步下压运动，刃磨压力逐渐加大，这样便于磨出后角，刃磨的速度及幅度随要求的后角大小而变；为保证钻头近中心处磨出较大后角，还要做适当的右移运动，刃磨时两手动作的配合要协调、自然。如此不断反复，经常轮换两后刀面，直至达到刃磨要求。

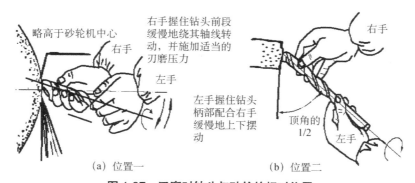

（a）位置一　　　　（b）位置二

图 1-37　刃磨时钻头与砂轮的相对位置

钻头冷却：钻头刃磨压力不宜过大，并要经常蘸水冷却，防止因过热退火而降低硬度。

砂轮的选择：一般采用粒度为 F46～F80、硬度为中软级（K、L）的氧化铝砂轮。砂轮旋转必须平稳，对跳动大的砂轮必须进行修整。

刃磨检验：钻头的几何角度及两主切削刃的对称度要求，可利用检验样板进行检验，但在刃磨过程中最常采用的还是目测的方法。目测检验时，把钻头切削部分向上竖立，两眼平视，由于两主切削刃一前一后会产生视差，往往感到左刃（前刃）高而右刃（后刃）低，所以要旋转 180°后反复看几次，如果结果一样，就说明两主切削刃对称。钻头外缘处的后角可根据外缘处后刀面的倾斜情况直接目测。近中心处的后角可通过控制横刃斜角的合理数值来保证。

4）画线钻孔的方法

（1）工件画线。

钻孔前，工件要画线。孔中心要用样冲打上中心样冲眼（要求冲点小、位置准），以便钻孔时起定心作用。钻直径较大的孔要划检查圆，用以检查钻出的孔是否正确，如图 1-38 所示。

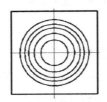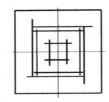

图 1-38　工件画线

（2）工件的装夹。

根据工件的形状及钻削力的大小等情况，采用不同的方法装夹工件，以保证钻孔的质量和安全。常用的基本装夹方法如下。

① 平整的工件可用平口钳装夹，如图 1-39（a）所示。装夹时，应使工件表面与钻头垂直。

② 圆柱形工件可用 V 形铁装夹，如图 1-39（b）所示。

③ 大的工件可用螺旋压板装夹，如图 1-39（c）所示。拧紧螺钉时，先将每个螺钉预紧一遍，然后再用力拧紧，以免工件产生位移或变形。

④ 面不平或加工基准在侧面的工件，可用角铁进行装夹，如图 1-39（d）所示。

⑤ 小型工件或薄板件钻孔，可将工件放置在定位块上，用手虎钳夹持，如图 1-39（e）所示。

⑥ 圆柱工件端面钻孔，可利用三爪自定心卡盘进行装夹，如图 1-39（f）所示。

（3）钻床转速的选择。

首先要确定钻头的允许切削速度 v。用高速钢钻头钻铸铁件时，$v=14～22\text{m/min}$；钻钢件时，$v=16～24\text{m/min}$；钻青铜或黄铜件时，$v=30～60\text{m/min}$。当工件材料的硬度较高时取较小值（铸铁以 200HBS 为中值，钢以 $\sigma=700\text{MPa}$ 为中值）；钻头直径小时也取较小值（以 $\phi16\text{mm}$ 为中值）；钻孔深度 $L>3d$ 时，还应将取值乘以 0.7～0.8 的修正系数。然后用下式求出钻床转速 n。

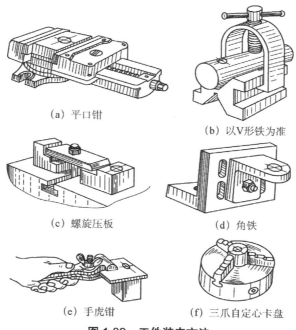

(a) 平口钳

(b) 以V形铁为准

(c) 螺旋压板

(d) 角铁

(e) 手虎钳

(f) 三爪自定心卡盘

图 1-39 工件装夹方法

$$n = \frac{1000v}{\pi d}$$

式中，v——切削速度（m/min）；

d——钻头直径（mm）。

例如，在钢件（强度 $\sigma=700\text{MPa}$）上钻 $\phi 10\text{mm}$ 的孔，钻头材料为高速钢，钻孔深度为 25mm，则应选用的钻头转速为

$$n = \frac{1000v}{\pi d} = \frac{1000 \times 19}{3.14 \times 10} \approx 600\text{r}/\text{min}$$

（4）钻孔时的切削液。

为了使钻头散热冷却，减少钻削时钻头与工件、切屑之间的摩擦，以及消除黏附在钻头和工件表面上的积屑瘤，从而降低切削抗力，延长钻头寿命和改善加工孔表面的质量，钻孔时要加注足够的切削液。钻孔时，可用 3%～5%的乳化液；钻铸铁时，一般可不加或用 5%～8%的乳化液连续加注。

6. 锪孔

用锪钻（或改制的钻头）进行孔口形面的加工，称为锪孔。

1）锪孔的形式

锪孔的形式有：锪柱形埋头孔，如图 1-40（a）所示；锪锥形埋头孔，如图 1-40（b）所示；锪孔端平面，如图 1-40（c）所示。

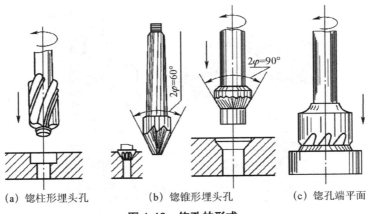

（a）锪柱形埋头孔　　　　（b）锪锥形埋头孔　　　　（c）锪孔端平面

图 1-40　锪孔的形式

2）锪锥形埋头孔

①加工要求：锥角和最大直径（或深度）要符合图纸规定，加工表面应无振痕。

②使用刀具：用专用锥形锪钻（如图 1-41 所示）或用麻花钻。用麻花钻锪锥孔时，其顶角 2φ 应与锥角一致，两切削刃要磨得对称（如图 1-42 所示）。

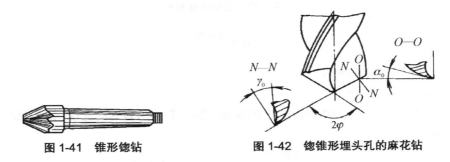

图 1-41　锥形锪钻　　　　　　　图 1-42　锪锥形埋头孔的麻花钻

7. 铰孔

用铰刀对已经粗加工的孔进行精加工称为铰孔。可加工圆柱形孔（用圆柱铰刀），也可加工圆锥形孔（用圆锥铰刀）。由于铰刀的刀刃数量多（6～12 个）、导向性好、尺寸精度高及刚性好，因此其加工精度一般可达 IT9～IT7（手铰甚至可达 IT6），表面粗糙度值为 Ra3.2～0.8μm。

1）铰刀的种类

铰刀有手铰刀和机铰刀两种。手铰刀用于手工铰孔，柄部为直柄，工作部分较长，如图 1-43（a）所示；机铰刀多为锥柄，装在钻床上进行铰孔，如图 1-43（b）所示。

（a）手铰刀　　　　　　　　　　　　　　　（b）机铰刀

图 1-43　铰刀

按铰刀用途不同分为圆柱铰刀和圆锥铰刀（如图 1-44 所示）。圆柱铰刀又有固定式和可调式（如图 1-45 所示）。圆锥铰刀是用来铰圆锥孔的。用于加工定位锥销孔的圆锥铰刀，其锥度为 1∶50（在 50mm 长度内，铰刀两端直径差为 1mm），使铰得的锥孔与圆锥销紧密配合。可调式铰刀主要用于装配和修理时铰非标准尺寸的通孔。

图 1-44 圆锥铰刀

图 1-45 可调式铰刀

铰刀的刀齿有直齿和螺旋齿两种。直齿铰刀较常见。螺旋铰刀（如图 1-46 所示）多用于铰有缺口或带槽的孔，其特点是在铰削时不会被槽边钩住，且切削平稳。

图 1-46 螺旋铰刀

2）铰孔方法

（1）铰削用量的选择。

①铰削余量（直径余量）的选择。铰削余量是否合适，对铰出孔的表面粗糙度和精度影响很大。如余量太大，不但孔铰不光，而且铰刀容易磨损；余量太小，则不能去掉上道工序留下的刀痕，也达不到要求的表面粗糙度。具体数值可参照表 1-1 选取。一般情况下，对 IT9、IT8 级孔可一次铰出；对 IT7 级的孔，应分粗铰和精铰；对孔径大于 20mm 的孔，可先钻孔，再扩孔，然后进行铰孔。

表 1-1 铰削余量

铰刀直径/mm	铰削余量/mm
<6	0.05～0.1
6～18	一次铰：0.1～0.2 二次铰精铰：0.1～0.15
18～30	一次铰：0.2～0.3 二次铰精铰：0.1～0.15
30～50	一次铰：0.3～0.4 二次铰精铰：0.15～0.25

注：二次铰时，粗铰余量可取一次铰余量的较小值。

②机铰切削速度 v 的选择。机铰时为了获得较小的加工表面粗糙度值，必须避免产生积屑瘤，减少切削热及变形，因而应取较小的切削速度。用高速钢铰刀铰钢件时 $v=4\sim8$m/min，铰铸件时 $v=6\sim8$m/min，铰铜件时 $v=8\sim12$m/min。

③机铰进给量 f 的选择。对钢件及铸件可取 0.5～1mm/r，对铜、铝可取 1～1.2mm/r。

（2）铰削操作方法。

①手铰孔时，铰刀应垂直放入孔中，右手通过铰孔轴线施加压力，左手转动铰刀，两手用力要均匀、平稳。在铰孔过程中或退出铰刀时，铰刀均不能反转，以免崩刀。

②机铰时，应将工件一次装夹进行钻、铰工作，使铰刀与孔的轴线重合。

③铰尺寸较小的圆锥孔时，可先按小端直径铰并留出圆柱孔精铰余量，待钻出圆柱孔后用圆锥铰刀铰削即可。对尺寸和深度较大的锥孔，可先钻出阶梯孔，再用铰刀铰削。

（3）铰削时切削液的选择。

铰削时要用适当的切削液来减少摩擦，减小加工表面粗糙度值与孔的扩大量。选用时可参考表 1-2。

表 1-2　铰削切削液

加工材料	切削液
钢	1. 质量分数为 10%~20%的乳化液 2. 质量分数为 30%的工业植物油加 70%质量分数为 3%~5%的乳化液 3. 工业植物油
铸铁	1. 不用 2. 煤油（但会引起孔径缩小） 3. 质量分数为 3%~5%的乳化油
铝	1. 煤油 2. 质量分数为 5%~8%的乳化油
铜	质量分数为 5%~8%的乳化油

8. 攻丝和套丝

用丝锥在孔中切削出内螺纹称为攻丝，又称攻螺纹。用板牙在圆杆上切削出外螺纹称为套丝，又称套螺纹。

1）攻丝

（1）丝锥与绞手。

丝锥是加工内螺纹的工具。按加工螺纹的种类不同有普通三角螺纹丝锥（其中，M6~M24 的丝锥为两件一套，小于 M6 和大于 M24 的丝锥为三件一套）、圆柱管螺纹丝锥（两件一套）、圆锥管螺纹丝锥（大小尺寸均为单件）。按加工方法分为机用丝锥和手用丝锥。

绞手是用来夹持丝锥的工具，有普通绞手（如图 1-47 所示）和丁字绞手（如图 1-48 所示）两类。丁字绞手主要用于攻工件凸台旁的螺孔或机体内部的螺孔。各类绞手又有固定式和活络式两种。固定绞手常用于攻 M5 以下的螺孔，活络绞手可以调节方孔尺寸。

图 1-47　普通绞手

图 1-48　丁字绞手

（2）攻丝底孔直径的确定。

用丝锥攻螺纹时，每个切削刃一方面在切削金属，另一方面也在挤压金属，因而会产生金属凸起并向牙尖流动的现象。这一现象对于韧性材料尤为显著。若攻丝前钻孔直径与螺纹小径相同，被丝锥挤出的金属会卡住丝锥甚至将其折断，因此底孔直径应比螺纹小径略大。这样，挤出的金属流向牙尖正好形成完整螺纹，又不易卡住丝锥。但是，若底孔钻得太大，又会使螺纹的牙型高度不够，降低强度。所以，确定底孔直径的大小要根据工件的材料性质、螺纹直径的大小来考虑。

公制螺纹底孔直径的经验计算式如下。

$$\text{脆性材料：} D_底 = D - 1.05P$$

$$\text{韧性材料：} D_底 = D - P$$

式中，$D_底$——底孔直径（mm）；

D——螺纹大径（mm）；

P——螺距（mm）。

例如，分别在中碳钢和铸铁上攻 M10×1.5 螺孔，求各自的底孔直径。

中碳钢属于韧性材料，故底孔直径为

$$D_底 = D - P = 10 - 1.5 = 8.5\text{mm}$$

铸铁属于脆性材料，故底孔直径为

$$D_底 = D - 1.05P = 10 - 1.05 \times 1.5 \approx 8.4\text{mm}$$

（3）不通孔螺纹的钻孔深度。

钻不通孔的螺纹底孔时，由于丝锥的切削部分不能攻出完整的螺纹，所以钻孔深度至少要等于需要的螺纹深度加上丝锥切削部分的长度。这部分长度大约是螺纹大径的 0.7 倍。计算公式为

$$L = l + 0.7D$$

式中，L——钻孔深度（mm）；

l——需要的螺纹深度（mm）；

D——螺纹大径（mm）。

（4）攻螺纹的操作方法。

①钻好底孔后，对底孔孔口倒角，用头锥起攻。开始时，必须将丝锥垂直地放在工件孔内，一手沿轴线用力加压，另一手配合做顺向旋进，或者两手握住铰杆两端均匀施加压力，如图 1-49 所示。

图 1-49　起攻方法

②当丝锥的切削部分切入工件时，可只转动不加压，并要经常倒转 1/4 圈，以便断屑。攻螺纹时，必须按头锥、二锥、三锥的顺序进行。

③攻不通孔螺纹时，要经常退出丝锥，清除留在孔内的切屑。攻韧性材料的螺纹孔时要加切削液，攻钢件时应加机油，攻铸铁时可加煤油。

2）套丝

（1）套丝工具为圆板牙与绞手（板牙架）。

（2）套丝时的圆杆直径及端部倒角。

与攻丝一样，套丝切削过程中也有挤压作用，因此，圆杆直径要小于螺纹大径。可用下列经验计算式确定。

$$d_{杆}=d-0.13P$$

式中，$d_{杆}$——圆杆直径；

　　　d——螺纹大径；

　　　P——螺距。

为了使板牙起套时容易切入工件并做正确的引导，圆杆端部要倒角——倒成锥半角为 15°～20° 的锥体。其倒角的最小直径可略小于螺纹小径，以避免切出的螺纹端部出现锋口和卷边。

（3）套螺纹的操作方法。

①套螺纹前应检查圆杆直径。要套螺纹的圆杆必须有倒角，如图 1-50 所示。

②开始转动板牙时要稍加压力，套入几圈后即可只转动不加压，要时常反转，以便断屑。在操作中要适当加机油润滑。

③套螺纹时板牙端面应与圆杆垂直，如图 1-51 所示。

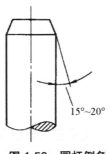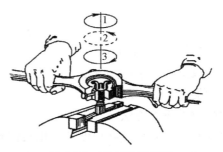

图 1-50　圆杆倒角　　　　　图 1-51　套螺纹示意图

第二章 钳工实训项目

项目重点：

- 钳工工量具的正确选用。
- 工件画线与装夹。
- 锯削、钻削、钻孔、扩孔、锪孔、铰孔、攻丝的基本操作。
- 平面、侧边和孔的加工操作技能。
- 工件加工精度的保证方法和检验方法。

项目列表和材料准备清单见表 2-1。

表 2-1　项目列表和材料准备清单

序号	加工任务	材料	毛坯/mm	数量	参考工时/min	备注
1	双头呆扳手平面画线	45	200×250 薄板	1	120	图 2-1
2	长方体锉削加工	45	60×60×10	1	120	图 2-2
3	孔加工	45	项目二工件	2	120	图 2-3

刀具、工具、量具准备清单见表 2-2。

表 2-2　刀具、工具、量具准备清单

序号	名称	型号规格/mm	数量	备注
1	锯弓		1	
2	锯条		2	
3	蓝油或粉笔		1	
4	钢板尺		1	
5	划规		1	
6	样冲		1	
7	手锤		1	
8	划针		1	
9	角尺		1	
10	扁锉	大、中、小	各 1	
11	刀口尺		1	
12	铜丝刷		1	
13	游标卡尺	0～300（0.02）、0～125（0.02）	各 1	
14	钻头	ϕ4.8、ϕ5.8、ϕ11、ϕ7	若干	
15	铰刀	ϕ6		
16	直铰刀	ϕ10	1	
17	铰杆		1	
18	丝锥	M6	1	
19	外径千分尺	0～25、25～50、50～75（0.01）	各 1	
20	其他辅具		按需配备	

项目一　双头呆扳手平面画线

项目要求：
- 明确画线的作用。
- 正确使用平面画线工具。
- 掌握一般的画线方法，学会正确地在线条上打样冲眼。
- 要求线条清晰、粗细均匀，尺寸误差不超过±0.3mm。

一、工件图纸

双头呆扳手如图 2-1 所示。

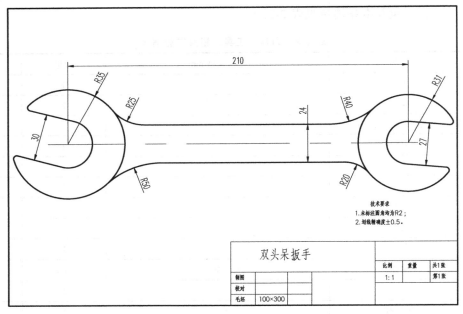

图 2-1　双头呆扳手

二、加工要求和工艺分析

加工工艺见表 2-3。

（1）选择的画线基准应尽量与设计基准重合。

（2）各圆弧连接要圆滑，线条要清晰无重线。

（3）冲点分布要合理，位置要准确。

（4）正确使用画线工具。

表2-3　双头呆扳手加工工艺卡片

加工工艺卡片		产品型号		零部件图号		共1页
		产品名称		零部件名称	双头呆扳手　QG01	第1页
材料牌号	45#	毛坯种类	薄板	毛坯尺寸/mm	100×300	
				每毛坯制件数	每台件数	备注

加工工序：画线

工序号	工步号	工序内容	车间	工段	设备	工艺装备	工时(准终)	工时(单件)
1	01	读图、检测毛坯、清理毛坯及表面				钢直尺、锉刀、毛刷、划针、划规、V形块、蓝油或粉笔		
2	01	用蓝油或粉笔涂满毛坯毛刺及表面，用划针划对称中心线						
	02	量取210，两端打样冲点，先划左端钳口30的平行线，再划右边27的平行线						
	03	划上下R35，划R31，划中间24的平行线，画过渡圆弧R25、R50						
	04	画过渡圆弧R20、R40						
	05	修整						
			设计(日期)	审核(日期)	标准化(日期)	会签(日期)		
标记	处数	更改文件号	签字	日期	标记	处数	更改文件号	签字	日期

三、操作步骤

（1）准备好要用的画线工具，并对实习件进行清理和画线表面涂色。

（2）熟悉图形划法，并按图形应采用的画线基准及最大轮廓尺寸合理安排图形基准线在实习件上的位置。

（3）按图形所标注的尺寸，依次完成画线（图中不标注尺寸，作图线可保留）。

（4）对图形、尺寸复检校对，确认无误后，按要求打上检验样冲眼。

四、任务评价与反馈

本项目圆弧连接比较多，这也是钳工画线的难点，应该熟练掌握机械制图圆弧连接的画法。

1. 产品检验

用游标卡尺、刀口尺自检，填写表2-4。

表2-4　双头呆扳手评分表

学生姓名			学号/工位号		总分		
零件名称	双头呆扳手		零件图号	QG01	加工时间		
考核项目	考核内容		配分	评分标准	自检	互检	教师
主要项目	1	R35与R25	20	连接过渡顺滑（上下）			
	2	R35与R50	20	连接过渡顺滑（上下）			
	3	R31与R40	20	连接过渡顺滑			
	4	R31与R20	20	连接过渡顺滑			
工件外观	工件表面		10	工件表面线条不杂乱			
安全文明生产	遵守安全生产各项规定，遵守车间管理制度		10	违反规章制度者，一次扣2分			
总配分			100	合计			
工时定额	120min			超时30min以内扣10分，超时30min以上不计分			
教学评价	○ 优秀（85分及以上）　○ 良好（75～84分）　○ 及格（60～74分）　○ 不及格（60分以下）				综合得分		
					教师签名		

2. 自我评价

（1）各圆弧如何保证连接顺滑？

_____

_____

（2）如何保证画线清晰可见？

_____

_____

（3）项目画线心得：

项目二　长方体锉削加工

项目要求：

● 分析图纸，明确加工要求，对长方体进行工艺分析，做好加工前的准备工作。

● 参照锉削工艺完成长方体的加工和检验。

一、工件图纸

长方体如图 2-2 所示。

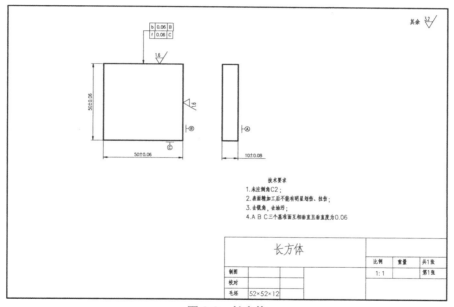

图 2-2　长方体

二、加工要求和工艺分析

由图 2-2 可知，长方体材料为 45 钢，毛坯尺寸为 52mm×52mm×12mm。长方体尺寸精度要求较高，长度 50mm 和宽度 50mm 的尺寸精度均为 ±0.06mm。A、B、C 三个平面的垂直度要求为 ±0.06mm，精度也比较高。

三、锉削工艺

长方体加工工艺见表 2-5。

表2-5　长方体加工工艺卡片

加工工序：锉削	加工工艺卡片			产品型号		零部件图号	QG02		共1页
				产品名称		零部件名称	长方体		第1页
材料牌号	45#	毛坯种类	型钢	毛坯尺寸/mm	52×52×12	每毛坯制件数	每台件数	备注	工时
工序号	工步号	工序内容				车间	工段	设备	工艺装备		准终 / 单件

工序号	工步号	工序内容	设备	工艺装备
1	01	读图、检测毛坯、清理毛坯毛刺及表面、找正平口钳、装夹工件		刀口尺、直角尺、铜丝刷、游标卡尺、百分表
2	01	粗、精锉A基准面，达到平面度0.06mm的要求	钳台、虎钳	锯弓、锯条、300mm粗、细扁平锉
	02	粗、精锉A基准面的对面，达到10mm±0.08mm的尺寸要求		
	03	粗、精锉B基准面，达到平面度0.06mm。以及与A基准面的垂直度0.06mm的要求		
	04	粗、精锉C基准面，使之达到图样要求		
	05	粗、精锉B基准面的对面，使之达到图样要求		
	06	粗、精锉C基准面的对面，使之达到图样要求		
	07	复检全部精度，并做必要的修整锉削。最后将各锐边均匀倒角0.5mm×45°		

			设计（日期）	审核（日期）	标准化（日期）	会签（日期）

标记	处数	更改文件号	签字	日期	标记	处数	更改文件号	签字	日期

四、任务评价与反馈

长方体加工看似简单，但要保证表面质量和各个面之间的垂直度也是很难的。本项目要求掌握锯削和锉削加工知识及修锉的方法。

1. 产品检验

用游标卡尺、直角尺、刀口尺自检，填写表2-6。

表2-6 长方体评分表

学生姓名			学号/工位号		总分			
零件名称		长方体	零件图号	QG02	加工时间			
考核项目		考核内容	配分	评分标准		自检	互检	教师
主要项目	1	长 50 ± 0.06	10	测量上中下，两处合格得分				
	2	宽 50 ± 0.06	10	测量上中下，两处合格得分				
	3	高 10 ± 0.08	10	测量上中下，两处合格得分				
	4	A 面和 B 面 $\perp0.06$	10	测量上中下，两处合格得分				
	5	A 面和 C 面 $\perp0.06$	10	测量上中下，两处合格得分				
	6	B 面和 C 面 $\perp0.06$	10	测量上中下，两处合格得分				
	7	C 面与对面 $\perp0.06$	10	测量上中下，两处合格得分				
	8	倒角 $0.5\times45°$，去毛刺	10	倒角均匀对称得分				
工件外观		工件表面	10	工件表面无夹伤、划伤痕迹				
安全文明生产		遵守安全生产各项规定，遵守车间管理制度	10	违反规章制度者，一次扣2分				
总配分			100	合计				
工时定额		120min		超时30min以内扣10分，超时30min以上不计分				
教学评价		○ 优秀（85分及以上） ○ 良好（75~84分） ○ 及格（60~74分） ○ 不及格（60分以下）				综合得分		
						教师签名		

2. 自我评价

（1）如何制订长方体加工工艺？

_____

_____

（2）如何保证长方体六个面的垂直度？

_____

_____

（3）项目加工心得：

_____

_____

项目三　孔加工

项目要求：
- 分析图纸，明确加工要求，对孔进行工艺分析，做好加工前的准备工作。
- 参照钻孔工艺完成孔的加工和检验。

一、工件图纸

夹板如图 2-3 所示。

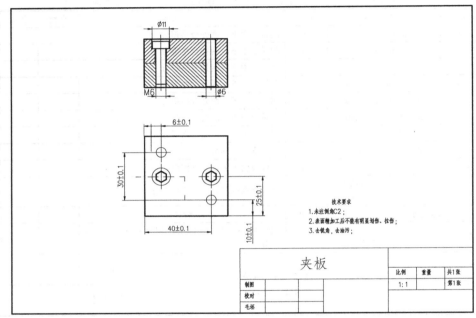

图 2-3　夹板

二、加工要求和工艺分析

毛坯是项目二的工件。由图 2-3 可知，两块板上孔的定位尺寸精度不高，30mm、40mm、10mm、25mm 尺寸精度为±0.1mm。使用 ϕ4.8mm 钻头钻孔，使用 M6 丝锥攻丝。使用 ϕ5.8mm 钻头钻销钉孔，用 ϕ6mm 铰刀铰销钉孔。使用 ϕ7mm 钻头在上板钻孔，用 ϕ11mm 钻头锪孔。上下板要装在一起钻柱销孔，以保证尺寸精度和孔的中心位置。

三、加工工艺

加工工艺见表 2-7。

表2-7　夹板加工工艺卡片

加工工艺卡片		产品型号		零部件图号	QG03		共1页
		产品名称		零部件名称	夹板		第1页

加工工序：孔加工									
材料牌号	45#	毛坯种类	型钢	毛坯尺寸		每毛坯制件数		每台件数	备注
工序号	工步号	工序内容			车间	工段	设备	工艺装备	
1	01	读图、检测毛坯、按图划出各孔的位置线、孔中心打样冲点						划针、样冲、钢直尺、锉刀、毛刷、平口钳、百分表、平行垫铁等	
2	01	钻螺纹底孔、攻丝、钻螺纹过孔、锪螺纹沉孔					钻床	钻头φ4.8mm、φ5.8mm、φ11mm、φ7mm、铰刀φ6mm、内六角螺栓M6、圆柱销钉φ6mm	
	02	用内六角螺栓紧固上下板、配钻柱销底孔φ5.8mm							
	03	配铰φ6mm柱销孔							
	04	上下板连接紧固							

					工时	准终		
						单件		

				设计（日期）	审核（日期）	标准化（日期）	会签（日期）
标记	处数	更改文件号	签字	日期			
标记	处数	更改文件号	签字	日期			

四、任务评价与反馈

1. 产品检验

用游标卡尺、百分表、刀口尺自检，填写表2-8。

表2-8 夹板加工评分表

学生姓名			学号/工位号			总分			
零件名称	夹板		零件图号		QG03	加工时间			
考核项目	考核内容		配分		评分标准		自检	互检	教师
主要项目	1	30±0.1	10		不超过误差0.1，得分				
	2	40±0.1	10		不超过误差0.1，得分				
	3	25±0.1	10		不超过误差0.1，得分				
	4	10±0.1	10		不超过误差0.1，得分				
	5	M6	10		螺纹竖直，牙型清晰				
	6	$\phi6$	10		与圆柱销钉过渡配合，内孔光滑				
	7	安装紧固，两块板重合，边缘不凸出	10		加工完整，表面光滑，无缺陷				
	8	倒角，去毛刺	10		没有刮手毛刺				
工件外观	工件表面		10		工件表面无夹伤、划伤痕迹				
安全文明生产	遵守安全生产各项规定，遵守车间管理制度		10		违反规章制度者，一次扣2分				
总配分			100		合计				
工时定额	120min				超时30min以内扣10分，超时30min以上不计分				
教学评价	○ 优秀（85分及以上）　○ 良好（75～84分） ○ 及格（60～74分）　○ 不及格（60分以下）						综合得分		
							教师签名		

2. 自我评价

（1）上下两块板钻孔时应注意什么？

_____

_____

（2）项目加工心得：

_____

_____

_____

_____

_____

_____

_____

第三章　车削技术及机床操作

一、车削基本知识
二、普通车床的操作

车削是用车刀加工工件表面的一种去除材料的加工方式，工件的旋转运动是主运动，刀具沿平行或垂直于工件旋转轴线的方向移动完成进给运动。车削可以加工各种具有圆柱类表面的零件，在车床上可以加工内外圆柱面、内外圆锥面、内外螺纹、成形面、端面、沟槽、滚花及绕弹簧等。如果在车床上装上其他附件或夹具，还可进行磨削、镗削、研磨、抛光，以及车削各种复杂零件的外圆和内孔。车床的切削运动如图 3-1 所示。

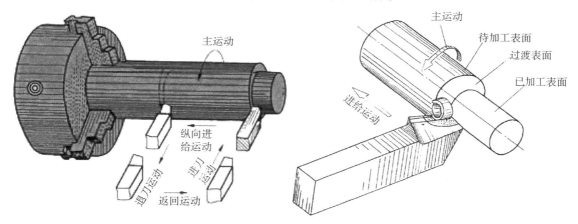

图 3-1　车床的切削运动

车床主要用于加工回转体表面，加工的尺寸公差等级为 IT11～IT6，表面粗糙度值为 $Ra12.5～0.8\mu m$。

车床主要有卧式车床、落地车床、立式车床和转塔车床等，如图 3-2 所示为卧式车床，此类车床在生产当中最为常用，本书主要围绕卧式车床讲解车床的操作方法和项目加工。

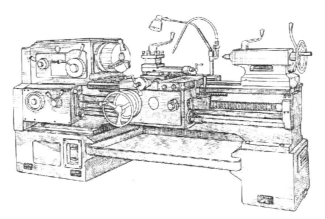

图 3-2　卧式车床

一、车削基本知识

1. 车刀

车刀用在普通车床和数控车床上。不同种类的车刀在工件上不同部位的加工示意图如图 3-3 所示。

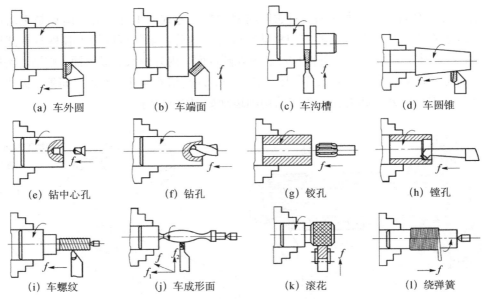

(a) 车外圆	(b) 车端面	(c) 车沟槽	(d) 车圆锥
(e) 钻中心孔	(f) 钻孔	(g) 铰孔	(h) 镗孔
(i) 车螺纹	(j) 车成形面	(k) 滚花	(l) 绕弹簧

图 3-3   不同种类的车刀在工件上不同部位的加工示意图

1）车刀的分类

（1）按用途分类。

按不同的用途可将车刀分为端面车刀、外圆车刀、切断刀、螺纹车刀和内孔车刀等，如图 3-4 所示。

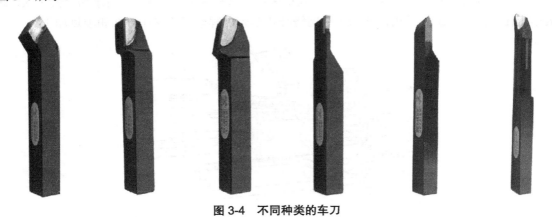

图 3-4   不同种类的车刀

（2）按结构分类。

整体式车刀：切削部分是靠刃磨得到的，多用高速钢制成，一般用于小型机床的低速切削或加工非铁金属。

焊接式车刀：将硬质合金刀片焊接在刀头部位，不同种类的车刀可使用不同形状的刀片，结构紧凑、使用灵活，用于高速切削。

机夹式车刀：可避免焊接产生的应力、裂纹等缺陷，刀杆利用率高，用于数控车床加工及大中型车床的加工。

2）常用车刀的用途

常用车刀的基本用途如下。

45°外圆车刀：用来车削工件的外圆、端面和倒角。

90°外圆车刀：用来车削工件的外圆、台阶和端面。

切断刀：用来切断工件或在工件上切出沟槽。

镗孔刀：用来车削工件的内孔。

螺纹车刀：用来车削螺纹。

3）车刀的主要角度及作用

为了确定车刀的角度，要建立三个辅助坐标平面，即切削平面、基面和主剖面。对车削而言，如果不考虑车刀安装和切削运动的影响，可认为切削平面是铅垂面；基面是水平面；当主切削刃水平时，垂直于主切削刃所作的剖面为主剖面，如图 3-5 所示。

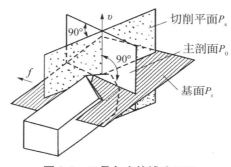

图 3-5 刀具角度的辅助平面

如图 3-6 所示，车刀的主要角度有前角（γ_0）、后角（α_0）、主偏角（κ_r）、副偏角（κ'_r）和刃倾角（λ_s）。

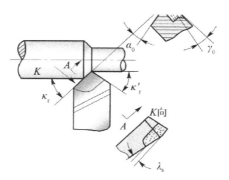

图 3-6 车刀的主要角度

（1）在主剖面中测量的角度。

①前角（γ_0）。

前角是前刀面与基面之间的夹角，主要作用是使刀刃锋利，便于切削。车刀的前角不能太大，否则会削弱刀刃的强度，使刀刃容易磨损甚至崩坏。加工塑性材料时，前角可选大些，若用硬质合金车刀切削钢件，可取 $\gamma_0=10°\sim20°$；精加工时，车刀的前角应比粗加工大，这样刀刃锋利，有利于降低工件的粗糙度值。

②后角（α_0）。

后角是主后刀面与切削平面之间的夹角，主要作用是减少车削时主后刀面与工件的摩擦，α_0一般取 6°～12°，粗车时取小值，精车时取大值。

（2）在基面中测量的角度。

①主偏角（κ_r）。

主偏角是主切削刃在基面上的投影与进给方向之间的夹角，主要作用是改变主切削刃，增大切削刃的长度，它影响径向切削力的大小及刀具使用寿命。小的主偏角可增大主切削刃参加切削的长度，因而散热较好，有利于延长刀具使用寿命。车刀常用的主偏角有 45°、60°、75°、90°等几种。

②副偏角（κ'_r）。

副偏角是副切削刃在基面上的投影与进给反方向之间的夹角，主要作用是减少副切削刃与已加工表面之间的摩擦，以改善已加工表面的粗糙度。κ'_r一般取 5°～15°。

（3）在切削平面中测量的角度。

刃倾角 λ_s 是主切削刃与基面之间的夹角，主要作用是控制切屑的流出方向。主切削刃与基面平行时，$\lambda_s=0$；刀尖处于主切削刃的最低点时，λ_s 为负值，刀尖强度增大，切屑流向已加工表面，用于粗加工；刀尖处于主切削刃的最高点时，λ_s 为正值，刀尖强度减小，切屑流向待加工表面，用于精加工。车刀刃倾角 λ_s 一般取 −5°～+5°。

2. 切削用量

切削用量包括背吃刀量、进给量和切削速度，又称切削三要素。

1）背吃刀量（a_p）

背吃刀量是指切削时已加工表面与待加工表面之间的垂直距离，用符号 a_p 表示，单位为 mm，如图 3-7 所示。

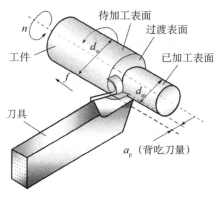

图 3-7 背吃刀量

例如，已知工件直径为 50mm，现在一次走刀至直径为 45mm，求背吃刀量。

$$a_p = \frac{d_w - d_m}{2} = \frac{50 - 45}{2} = 2.5\text{mm}$$

2）进给量（*f*）

进给量是指刀具在进给方向上相对于工件的位移量，即工件每转一圈，车刀沿进给方向移动的距离，用符号 *f* 表示，单位为 mm/r，如图 3-8 所示

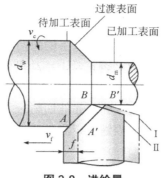

图 3-8　进给量

3）**切削速度（**v_c**）**

切削速度是指切削刃上选定点相对于工件主运动的瞬时速度，用符号 v_c 表示，单位为 m/min。当主运动是旋转运动时，切削速度是圆周运动的线速度，即

$$v_c = \frac{\pi d n}{1000}$$

例如，在上例中若车床转速为 310 r/min，求切削速度。

$$v_c = \frac{\pi d n}{1000} = \frac{3.14 \times 50 \times 310}{1000} = 48.67 \text{m/min}$$

3. 切削用量选择原则和范围

1）**背吃刀量（切削深度）**a_p

粗车：在留有精加工和半精加工余量的情况下，尽可能一次走刀切除全部加工余量。

半精车、精车：根据粗车留下的余量，同时考虑加工精度和表面粗糙度要求。半精车可取 1～3mm，精车可取 0.05～0.8mm。

2）**进给量** *f*

粗车：主要受机床、刀具、工件系统所能承受的切削力限制，根据刚度来选择进给量，一般取 0.2～0.3mm/r。

半精车、精车：主要受表面粗糙度的限制。表面粗糙度值较小，进给量也应相应地小些，一般取 0.1～0.3 mm/r。

3）**切削速度** v_c

粗车：根据已选定的 a_p、*f*，在工艺系统刚度、刀具寿命和机床功率许可的情况下，选择一个合理的切削速度。一般取 60～80m/min。

半精车、精车：用硬质合金车刀半精车、精车时，一般选用较高的切削速度，半精车可取 80～100m/min，精车可取 100～150m/min。用高速钢车刀半精车、精车时，一般选用较低的

切削速度，可取 5m/min 以下。

4. 车削安全操作规程

（1）实习学生进车间必须穿好工作服，并扎紧袖口。女生须戴安全帽。加工硬脆工件或高速切削时，须戴眼镜。

（2）实习学生必须熟悉车床性能，掌握操作手柄的功用，否则不得动用车床。

（3）车床启动前，要检查手柄位置是否正常，手动操作各移动部件有无碰撞或不正常现象，润滑部位要加油润滑。

（4）工件、刀具和夹具都必须装夹牢固，才能切削。

（5）车床主轴变速、装夹工件、紧固螺钉、测量工件、清除切屑、离开车床等都必须先停车。

（6）装卸卡盘或装夹重工件时，要有人协助，床面上必须垫木板。

（7）工件转动中，不准手摸工件或用棉丝擦拭工件，不准用手清除切屑，不准用手强行刹车。

（8）车床运转不正常，有异声或异常现象，轴承温度过高，要立即停车，并报告指导师傅。

（9）工作场地要保持整洁。刀具、工具、量具要分别放在规定的地方。床面上禁止放各种物品。

（10）工作结束后，应擦净车床并在导轨面上加润滑油，关闭车床电源，断开墙壁上的电闸。

（11）工作结束后，应清扫工作场所，将铁屑放到规定的地点。

二、普通车床的操作

1. 卧式车床的基本用途及特点

1）卧式车床的基本用途

以 CA6140 型卧式车床为例介绍普通车床的操作。该车床可加工内外圆柱面、内外圆锥面、内外螺纹、成形面、端面、沟槽、滚花及绕弹簧等。如果在车床上装上其他附件或夹具，还可进行磨削、镗削、研磨、抛光，以及车削各种复杂零件的外圆和内孔。

2）卧式车床的特点

（1）床身宽于一般车床，具有较高的刚度，导轨面经过淬火，经久耐磨。

（2）操作灵便，溜板设有快移机构。采用单手柄操作，宜人性好。

（3）结构刚度与传动刚度均高于一般车床，功率利用率高，适于强力高速切削。

（4）主轴孔径大，可选用的附件齐全。

2. CA6140 型卧式车床的结构

CA6140 型卧式车床如图 3-9 所示，其传动系统框图如图 3-10 所示。

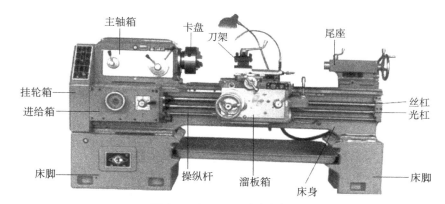

图 3-9 CA6140 型卧式车床

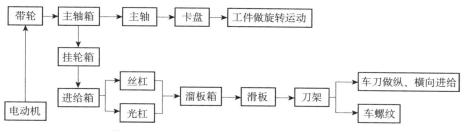

图 3-10 CA6140 型卧式车床的传动系统框图

该车床有两条轴：X 轴（工作台左右移动的轴）、Z 轴（工作台前后移动的轴）。两条轴都是顺时针旋转为正，逆时针旋转为负，在加工过程中尤其要注意两条轴的移动方向，防止由于移动方向错误，导致零件过切，或者刀具崩坏。具体移动的距离可以看两条轴移动把手圆周上的刻度，其中大滑板每一小格为 0.5mm，中滑板每一小格为 0.05mm，小滑板每一小格为0.02mm。

3. 普通车削加工前的辅助工作

1）零件的安装

零件的安装一般包含两项内容：定位、夹紧。根据轴类工件的形状、大小和加工数量，常采用以下几种装夹方法。

（1）用三爪自定心卡盘装夹。

三爪自定心卡盘的结构如图 3-11（a）所示，当用卡盘扳手转动小锥齿轮时，大锥齿轮也随之转动，在大锥齿轮背面平面螺纹的作用下，三个卡爪同时向中心移动或退出，以夹紧或松开工件。它的特点是对中性好，自动定心精度可达到 0.05～0.15mm。它可以装夹直径较小的工件，如图 3-11（b）所示。当装夹直径较大的外圆工件时可用三个反爪，如图 3-11（c）所示。但三爪自定心卡盘夹紧力不大，所以一般只适合装夹较轻的工件，装夹较重的工件宜用单动卡盘或其他专用夹具。

（2）用一夹一顶安装工件。

对于较短的回转体类工件，适合用三爪自定心卡盘装夹，但对于较长的回转体类工件，用此方法则刚性较差。所以，对于较长的工件，尤其是较重要的工件，不能直接用三爪自定

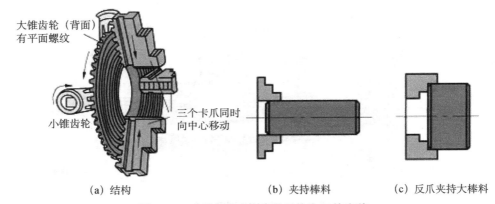

(a) 结构   (b) 夹持棒料   (c) 反爪夹持大棒料

图 3-11　三爪自定心卡盘的结构和工件安装

心卡盘装夹，而要用一端夹住，另一端用后顶尖顶住的装夹方法。这种装夹方法能承受较大的轴向切削力，且刚性大大提高，同时可提高切削用量。

（3）用单动卡盘（四爪卡盘）装夹。

由于单动卡盘的四个卡爪各自独立运动，因此装夹工件时必须使加工部分的旋转中心与车床主轴旋转中心重合。

单动卡盘找正比较费时，但夹紧力较大，所以适用于装夹大型或形状不规则的工件，如图 3-12 所示。

单动卡盘可装成正爪或反爪，反爪用来装夹直径较大的工件。

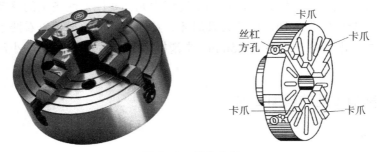

图 3-12　单动卡盘

（4）装夹要点。

在确定装夹方案时，应根据已选定的加工表面和定位基准确定工件的定位夹紧方式，主要考虑以下几点。

①夹紧机构或其他元件不得影响进给，加工部位要敞开。要求夹持工件后，夹具等不能与刀具运动轨迹发生干涉。

②必须保证夹紧变形最小。工件加工时的切削力大，需要的夹紧力也大，但又不能把工件夹压变形。因此，力量要适中，否则容易夹伤工件。

③装卸方便，辅助时间尽量短。

2）刀具的装拆步骤

（1）车刀不能伸出刀架太长，应尽可能伸出短些。因为车刀伸出过长，刀杆刚性相对减弱，切削时在切削力的作用下容易产生振动，使车出的工件表面不光洁。一般车刀伸出的长度不超过刀杆厚度的两倍（如图 3-13 所示）。

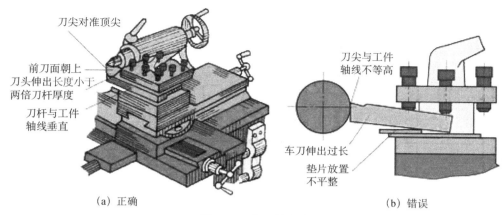

图 3-13　车刀的安装

（2）车刀刀尖应对准工件的中心。车刀安装得过高或过低都会引起车刀角度的变化而影响切削。根据经验，粗车外圆时，可将车刀装得比工件中心稍高一些；精车外圆时，可将车刀装得比工件中心稍低一些。这要根据工件直径的大小来决定，无论装高或装低，一般不能超过工件直径的 1%。

（3）装车刀用的垫片要平整，尽可能减少片数，一般只用 2～3 片。如垫片太多或不平整，会使车刀产生振动，影响切削。

（4）车刀装上后，要紧固刀架螺杆，一般要紧固两个螺杆。紧固时，应轮换逐个拧紧。同时要注意，一定要使用专用扳手，不允许再加套管等，以免螺杆受力过大而损伤。

（5）拆刀的时候，按照装刀相反的步骤进行，但是要注意，松开螺杆前，刀架上的刀位转动手柄一定要锁紧。首先，确保刀架上的刀位手柄锁紧；然后，把螺杆拧松，拿出车刀和垫片。

3）主轴变速

在开始车削之前，需要确定车床主轴的转速。

主轴转速正转（24 级）为 10～1400 r/min，反转（12 级）为 14～1580 r/min。具体速度值如下：10 r/min、12.5 r/min、16 r/min、20 r/min、25 r/min、32 r/min、40 r/min、50 r/min、63 r/min、80 r/min、100 r/min、125 r/min、160 r/min、200 r/min、250 r/min、320 r/min、400 r/min、450 r/min、500 r/min、560 r/min、710 r/min、900 r/min、1120 r/min、1400 r/min。

普通车床主轴转速通过改变主轴箱正面右侧的两个叠套手柄的位置来控制。前面的手柄有 6 个挡位，每个挡位有 4 级转速，由后面的手柄控制，所以主轴共有 24 级转速，如图 3-14 所示。

主轴变速之前先关闭机床，然后找到机床的主轴变速手柄；先将前面的手柄置于对应的挡位，然后利用后面的手柄在挡位上选择具体的主轴转速，如图 3-15 所示。注意：在调节手柄时，为了使齿轮能够顺利地啮合，往往需要一边转动主轴卡盘，一边拨动手柄来让齿轮对位啮合。

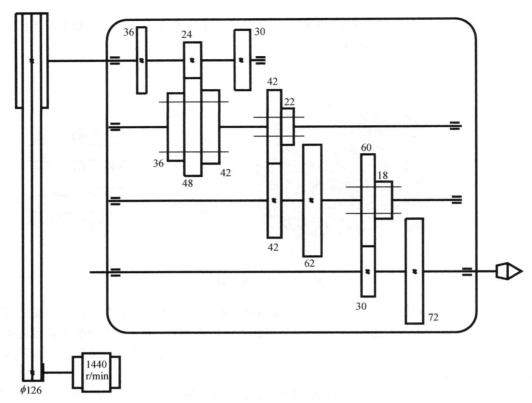

图 3-14　主轴变速原理图

图 3-15　主轴变速手柄

4）机床辅助操作

（1）检查车床各变速手柄是否处于空挡位置，离合器是否处于正确位置，操纵杆是否处于停止状态。确认无误后，合上车床电源总开关。

（2）按下床鞍上的绿色启动按钮，电动机启动。

（3）向上提起溜板箱右侧的操纵杆手柄，主轴正转；操纵杆手柄回到中间位置，主轴停止转动；向下压操纵杆手柄，主轴反转。

（4）主轴正反转的转换要在主轴停止转动后进行，避免因连续转换操作使瞬间电流过大而发生电器故障。

（5）打开冷却液。

5）自动走刀

在实际加工中，为了降低操作者的劳动强度，可以使用自动走刀来完成一些重复性的操作。

自动走刀首先要根据车床铭牌查找适当的进给量，然后调节手柄 1 与手柄 2（可向前或向后拉动，自动走刀时将手柄调节到 S 位置）到铭牌指定的位置（具体位置如图 3-16 所示），调节到位后开机正转，观察光杠是否转动，如正常转动，则自动走刀调节完毕；如不转动，则调节未到位，继续停机调节。进给量调节到位后，向左拨动自动走刀操纵杆，实现大滑板横向向左自动走刀；向右拨动自动走刀操纵杆，实现大滑板横向向右自动走刀；向前拨动自动走刀操纵杆，实现中滑板纵向向前自动走刀；向后拨动自动走刀操纵杆，实现中滑板纵向向后自动走刀。每次调节自动走刀操纵杆后必须回到中间位置。

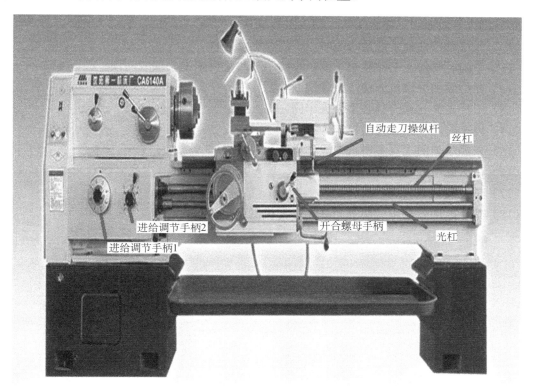

图 3-16 自动走刀与螺纹螺距调节

6）螺纹螺距调节与螺纹车削走刀

车削螺纹时，要按照铭牌指定的手柄位置调节螺距（具体位置如图 3-16 所示）。首先要将手柄 2 调节到 M 位置，螺距调节到位后开机正转，观察丝杠是否转动，如正常转动，则螺距调节完毕；如不转动，则调节未到位，继续停机调节。螺距调节到位后，向下拨动开合螺母手柄即可实现螺纹车削走刀。螺纹车削完毕后必须把开合螺母手柄提起。

4. 使用普通车床的安全注意事项

（1）机床未经润滑，不许启动。

（2）按照机床润滑点的规定，定期注油润滑，经常查看储油器的油量，及时补充润滑油。

（3）检查机床油路是否畅通，油管有无破损的地方或漏油现象。

（4）操作完毕，机床正反转操纵杆必须置于中间停转位置，然后按下急停按钮，机床导轨必须清理干净并涂上润滑油。

（5）定期检查各部位并调整松紧度。

（6）检查机床的防护、保险、信号装置、机械传动部分。电器部分要有可靠的防护装置。严禁超规格、超负荷、超转速、超温度使用机床。

（7）检查机台电源线是否完好无损，有无漏电、短路现象。

（8）调整机床转速和行程、装夹工件和刀具、测量工件、擦拭机床，要等机床停稳后才能进行。

（9）机床导轨面和工作台上禁止摆放工具或其他物品。

（10）当移动部件处于锁紧状态时，不许移动该部件。

（11）车削时要保证工件装夹长度，长度不够时采用一夹一顶或两顶一夹。

（12）在拆装和维修机床前，必须切断电源。

（13）工件、夹具和刀具必须装夹牢固。

（14）停车时，应先退刀后停车。

（15）未经培训的人员不得直接操作机床。

（16）机床通电开机前必须可靠接地。

（17）禁止改动电气连接线。

（18）禁止改动除使用说明书允许的任何机械及电气参数。

第四章　车削实训项目

项目重点：

● 车刀的正确选用和安装。

● 工件安装和找正的方法。

● 外圆、切槽、内孔、锥度和外螺纹车削加工工艺。

● 外圆、切槽、内孔、锥度和外螺纹车削加工操作技能。

● 工件加工精度的保证方法和检验方法。

项目列表和材料准备清单见表 4-1。

表 4-1　项目列表和材料准备清单

序号	加工任务	材料	毛坯/mm	数量	参考工时/min	备注
1	短轴加工	45	$\phi45\times50$	1	120	图 4-1
2	台阶轴加工	45	$\phi45\times75$	1	120	图 4-2
3	外圆锥加工	45	$\phi45\times55$	1	120	图 4-3
4	外沟槽加工	45	$\phi36\times75$	1	120	图 4-4
5	外螺纹加工	45	$\phi45\times50$	1	120	图 4-5
6	台阶盲孔加工	45	$\phi45\times60$	1	120	图 4-6

刀具、工具、量具准备清单见表 4-2。

表 4-2　刀具、工具、量具准备清单

序号	名称	型号规格	数量	备注
1	外圆车刀	90°外圆车刀、45°外圆车刀	各 2	白钢
2	切槽刀	刀宽 4mm	2	白钢
3	外螺纹刀	60°	2	白钢
4	中心钻	$\phi3.5$mm	1	白钢
5	麻花钻	$\phi10$、$\phi18$mm	各 1	白钢
6	盲孔镗刀	$\phi20\times40$mm	1	白钢
7	钢直尺	0～150mm	1	
8	游标卡尺	0～150mm	1	
9	千分尺	0～25、25～50mm	各 1	
10	万能角度尺	0°～320°（2′）	1	
11	内径百分表	10～35mm	1	
12	螺距规	M30×2mm	1	
13	螺纹直通规	M30×2mm	1	
14	圆规塞规	$\phi20$H7、$\phi25$H8mm	各 1	
15	高度游标卡尺	0～300（0.02）mm	1	
16	顶针		1	
17	车床扳手	卡爪扳手、刀架扳手	1	
18	车刀垫片		若干	
19	铜棒（圆棒）		1	
20	活动扳手	15 寸	1	
21	百分表（磁性表座）	0～10mm	1	
22	铜纸		1	
23	扁锉	250mm	1	
24	其他辅具		按需配备	

项目一　短轴加工

项目要求：
● 分析图纸，明确加工要求，对短轴加工进行工艺分析，做好加工前的准备工作。
● 参照车削工艺完成短轴的车削加工和检验。

一、工件图纸

短轴如图 4-1 所示。

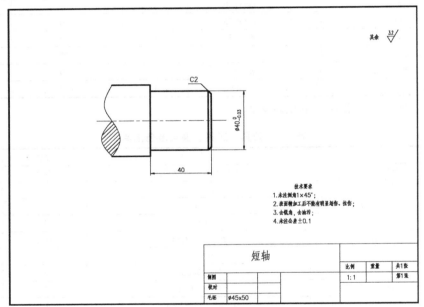

图 4-1　短轴

二、加工要求和工艺分析

由图 4-1 可知，短轴材料为 45 钢，毛坯尺寸为 ϕ45mm×50mm。短轴外圆尺寸精度有较高要求。外圆尺寸精度为上偏差 0，下偏差−0.03mm。端面倒角 2mm，车削后的表面粗糙度值为 Ra3.2μm。

短轴采用三爪卡盘装夹，装夹前应使用百分表校正并夹紧。加工中注意吃刀量，按粗、精车分开加工，以保证尺寸精度和位置精度。

三、车削工艺

短轴加工工艺见表 4-3。

表 4-3　短轴加工工艺卡片

加工工艺卡片		产品型号		零部件图号	C01		共1页
		产品名称		零部件名称	短轴		第1页
材料牌号	45#	毛坯种类	型钢	毛坯尺寸/mm	φ45×50	每毛坯制件数	每台件数

加工工序：车削

工序号	工步号	工序内容	车间	工段	设备	工艺装备	工时（准终／单件）	备注
1	01	读图、检测毛坯、清理毛坯毛刺及表面，工件露出卡爪45mm左右，校正并装夹工件				锉刀、毛刷、三爪卡盘、百分表、车刀等		
2	01	用45°外圆车刀粗、精车端面，保证表面粗糙度			卧式车床 CA6140	45°外圆车刀、90°外圆车刀、钢直尺、0~125mm游标卡尺、25~50mm千分尺、表面粗糙度样本等		
	02	粗车φ40mm×40mm外圆，留余量0.5mm						
	03	采用试车法控制尺寸精车φ40mm×40mm外圆						
	04	根据图纸要求倒角、去毛刺，并检查各部分尺寸。卸下工件，完成操作						

					设计（日期）	审核（日期）	标准化（日期）	会签（日期）
标记	处数	更改文件号	签字	日期				
标记	处数	更改文件号	签字	日期				

四、任务评价与反馈

短轴加工包含外圆尺寸控制及端面平整与倒角，具有典型的外圆加工要求，粗加工尽量用较大的吃刀量，精加工采用试车法控制尺寸精度。本项目要求熟悉外圆车削的基本工艺，掌握车床的操作、车刀的装夹和工件的装夹定位等知识。

1.产品检验

用游标卡尺、千分尺、钢直尺自检，填写表4-4。

表4-4　短轴评分表

学生姓名			学号/工位号			总分		
零件名称		短轴	零件图号		C01	加工时间		
考核项目		考核内容	配分		评分标准	自检	互检	教师
主要项目	1	40±0.2	20		测量长度，合格得分			
	2	ϕ40 下偏差-0.03	30		测量外圆直径，每超 0.01 扣 10 分			
	3	Ra3.2	20		每降一级扣 10 分			
	4	两处倒角	10		一处不符扣 5 分			
工件外观		工件表面	10		工件表面无夹伤、划伤痕迹			
安全文明生产		遵守安全生产各项规定，遵守车间管理制度	10		违反规章制度者，一次扣 2 分			
总配分			100		合计			
工时定额		120min			超时 30min 以内扣 10 分，超时 30min 以上不计分			
教学评价		○ 优秀（85 分及以上）　　○ 良好（75~84 分） ○ 及格（60~74 分）　　○ 不及格（60 分以下）				综合得分		
						教师签名		

2.自我评价

（1）短轴外圆尺寸精度如何保证？

_____

_____

（2）用试车法时，如何调整尺寸偏差？

_____

_____

（3）项目加工心得：

_____

_____

项目二 台阶轴加工

项目要求:
- 分析图纸,明确加工要求,对台阶轴加工进行工艺分析,做好加工前的准备工作。
- 参照车削工艺完成台阶轴的车削加工和检验。

一、工件图纸

台阶轴如图 4-2 所示。

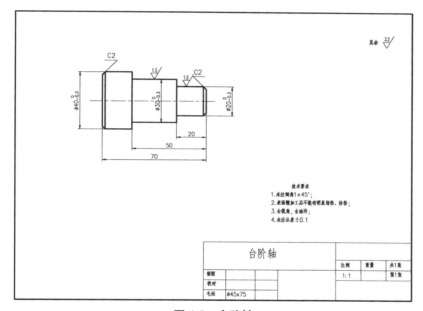

图 4-2 台阶轴

二、加工要求和工艺分析

由图 4-2 可知,台阶轴材料为 45 钢,毛坯尺寸为 $\phi45\text{mm}\times75\text{mm}$。台阶轴尺寸精度有较高要求,$\phi40\text{mm}$、$\phi30\text{mm}$、$\phi20\text{mm}$ 三个外圆的尺寸精度均为 -0.3mm。$\phi30\text{mm}$、$\phi20\text{mm}$ 外圆表面粗糙度值为 $Ra1.6\mu\text{m}$,其余表面粗糙度值为 $Ra3.2\mu\text{m}$。

台阶轴采用三爪卡盘装夹,装夹前应使用百分表校正并夹紧。注意台阶的加工次序,按粗、精车分开加工,以保证尺寸精度和位置精度。

三、车削工艺

台阶轴加工工艺见表 4-5。

表4-5 台阶轴加工工艺卡片

加工工序：车削		加工工艺卡片			产品型号		C02		共1页
					产品名称		台阶轴		第1页
材料牌号	45#	毛坯种类	型钢	毛坯尺寸/mm	φ45×75	零部件图号			
						零部件名称	台阶轴		
						每毛坯制件数	每台件数	备注	

工序号	工步号	工序内容	车间	工段	设备	工艺装备	工时（准终/单件）
1	01	读图、检测毛坯，清理毛坯毛刺及表面，工件露出卡爪60mm左右，校正并装夹工件				钢直尺、锉刀、毛刷、三爪卡盘、百分表、车刀等	
2	01	用45°外圆车刀粗、精车端面，保证表面粗糙度			卧式车床 CA6140	45°外圆车刀、90°外圆车刀、钢直尺、0～125mm游标卡尺、0～25mm千分尺、25～50mm千分尺、铜纸、粗糙度样本等	
	02	粗、精加工φ30mm×50mm外圆，保证尺寸精度和表面粗糙度					
	03	粗、精加工φ20mm×20mm外圆，保证尺寸精度和表面粗糙度，倒角					
	04	调头用铜纸包住φ30mm外圆，校正并夹紧，粗、精加工φ40mm外圆，切总长保证尺寸，精加工φ40mm外圆，并保证尺寸精度和表面粗糙度					
	05	加工完毕后，根据图纸要求倒角，去毛刺，并仔细检查各部分尺寸					

				设计（日期）	审核（日期）	标准化（日期）	会签（日期）
标记	处数	更改文件号	签字	日期	标记	处数	更改文件号	签字	日期

四、任务评价与反馈

台阶轴加工包含外圆精度控制、台阶长度控制，以及其他界面与工件垂直度控制。长度可以利用钢直尺测量，用刀尖刻出线痕，误差相对较大；利用小滑板控制长度，精度相对较高，误差可以控制在 0.1mm 以内。台阶轴遵循大直径到小直径的加工原则。本项目要求掌握普通车床车削加工工艺，以及长度控制与外圆加工知识。

1. 产品检验

用游标卡尺、百分表、千分尺自检，填写表 4-6。

表 4-6　台阶轴评分表

学生姓名			学号/工位号			总分			
零件名称	台阶轴		零件图号		C02	加工时间			
考核项目	考核内容		配分	评分标准			自检	互检	教师
主要项目	1	$\phi 20^{0}_{-0.3}$、Ra1.6	15/5	超差 0.01 扣 2 分，每降一级扣 1 分					
	2	$\phi 30^{0}_{-0.3}$、Ra1.6	15/5	超差 0.01 扣 2 分，每降一级扣 1 分					
	3	$\phi 40^{0}_{-0.3}$、Ra1.6	15/5	超差 0.01 扣 2 分，每降一级扣 1 分					
	4	20	5	超差不得分					
	5	50	5	超差不得分					
	6	70	5	超差不得分					
	7	倒角 C2，去毛刺	10	倒角 2×45°，锐边倒钝 C0.2～C0.3。一处不符扣 2 分					
工件外观	工件表面		5	工件表面无夹伤、划伤痕迹					
安全文明生产	遵守安全生产各项规定，遵守车间管理制度		10	违反规章制度者，一次扣 2 分					
总配分			100	合计					
工时定额	120min			超时 30min 以内扣 10 分，超时 30min 以上不计分					
教学评价	○ 优秀（85 分及以上）　○ 良好（75～84 分） ○ 及格（60～74 分）　○ 不及格（60 分以下）					综合得分			
						教师签名			

2. 自我评价

（1）制订台阶轴加工工艺时，如何保证台阶面垂直于轴线？

_____

_____

（2）表面粗糙度要求较高时，如何通过进给量和转速达到要求？

_____

_____

（3）项目加工心得：

_____

_____

项目三　外圆锥加工

项目要求：
● 分析图纸，明确加工要求，对外圆锥加工进行工艺分析，做好加工前的准备工作。
● 参照车削工艺完成外圆锥的车削加工和检验。

一、工件图纸

外圆锥如图 4-3 所示。

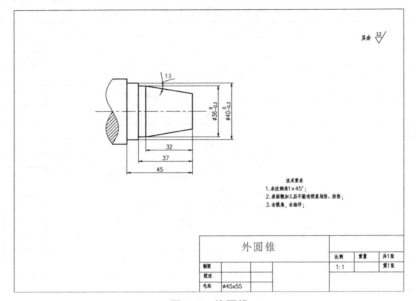

图 4-3　外圆锥

二、加工要求和工艺分析

由图 4-3 可知，工件材料为 45 钢，毛坯尺寸为 $\phi45\text{mm}\times55\text{mm}$。锥度为 $1:5$，$\phi36\text{mm}$ 和 $\phi40\text{mm}$ 尺寸精度为 0 和 -0.3mm。使用 90° 外圆车刀车外圆至 $\phi40\text{mm}$、长度为 45mm，再车外圆 $\phi40$、长度为 37mm。再根据给定的锥度计算小滑板转动的角度，进行锥度车削。车削后的表面粗糙度值为 $Ra3.2\mu\text{m}$。

工件采用三爪卡盘装夹，装夹前应使用百分表校正并固定钳口。加工中注意各个小滑板的角度调整，按粗、精车分开加工，采用万能角度尺检测工件，并试切以保证尺寸精度和锥度公差。

三、车削工艺

外圆锥加工工艺见表 4-7。

表 4-7　外圆锥加工工艺卡片

加工工艺卡片		产品型号		零部件图号				共 1 页
		产品名称		零部件名称	外圆锥		C03	第 1 页
材料牌号	45#	毛坯种类	型钢	毛坯尺寸/mm	φ45×55	每毛坯制件数	每台件数	备注

工序号	工步号	工序内容	车间	工段	设备	工艺装备	备注
1	01	读图、检测毛坯、清理毛坯毛刺及表面，工件露出 50mm 左右，校正并装夹工件				钢直尺、锉刀、毛刷、三爪卡盘、百分表、车刀等	
2	01	用 45°外圆车刀粗、精车端面，保证表面粗糙度			卧式车床 CA6140	45°外圆车刀、90°外圆车刀、钢直尺、0~125mm 游标卡尺、25~50mm 千分尺、万能角度尺、表面粗糙度样本等	
	02	粗、精加工 φ40mm×45mm、φ36mm×37mm 外圆					
	03	粗车外圆锥、半精车外圆锥，然后用万能角度尺检测锥度，保证 1∶5 圆锥角度					
	04	在保证 1∶5 圆锥角度的基础上，精车外圆锥，保证 32mm 长度到位					
	05	锐边倒钝，把零件毛刺清理干净					

					设计（日期）	审核（日期）	标准化（日期）	会签（日期）
标记	处数	更改文件号	签字	日期	标记	处数	更改文件号	签字	日期

工时　准终　单件

四、任务评价与反馈

锥度采用 90°外圆车刀结合小滑板车削加工，加工过程中由于小滑板角度调整中存在误差，所以需要利用测量工具进行调整。本项目加工锥度时，对装夹手法要求较高，要求能使用百分表校正装夹角度。

1. 产品检验

用游标卡尺、百分表、万能角度尺自检，填写表 4-8。

表 4-8 外圆锥评分表

学生姓名			学号/工位号			总分			
零件名称		外圆锥	零件图号		C03	加工时间			
考核项目		考核内容	配分		评分标准		自检	互检	教师
主要项目	1	$\phi40^{0}_{-0.3}$、$Ra3.2$	20		超差 0.01 扣 2 分，每降一级扣 1 分				
	2	$\phi36^{0}_{-0.3}$、$Ra3.2$	20		超差 0.01 扣 2 分，每降一级扣 1 分				
	3	锥度 1∶5、$Ra3.2$	25		超差 0.01 扣 2 分，每降一级扣 1 分				
	4	长度 45	5		超差不得分				
	5	长度 37	5		超差不得分				
	6	长度 32	5		超差不得分				
	7	倒角，去毛刺	5		锐边倒钝 $C0.2\sim C0.3$，一处不符扣 2 分				
工件外观		工件表面	5		工件表面无夹伤、划伤痕迹				
安全文明生产		遵守安全生产各项规定，遵守车间管理制度	10		违反规章制度者，一次扣 2 分				
总配分			100		合计				
工时定额		120min			超时 30min 以内扣 10 分，超时 30min 以上不计分				
教学评价		○ 优秀（85 分及以上） ○ 良好（75～84 分） ○ 及格（60～74 分） ○ 不及格（60 分以下）				综合得分			
						教师签名			

2. 自我评价

（1）车削锥度时，如何运用数学公式计算锥度？

_____

_____

（2）加工锥度时，如何使用圆锥套测量锥度？

_____

_____

（3）项目加工心得：

_____

_____

项目四 外沟槽加工

项目要求：

● 分析图纸，明确加工要求，对外沟槽加工进行工艺分析，做好加工前的准备工作。

● 参照车削工艺完成外沟槽的车削加工和检验。

一、工件图纸

外沟槽如图 4-4 所示。

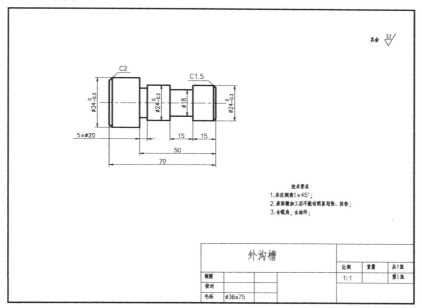

图 4-4　外沟槽

二、加工要求和工艺分析

由图 4-4 可知，工件材料为 45 钢，毛坯尺寸为 $\phi36\text{mm}\times75\text{mm}$。外沟槽只有个别尺寸精度要求较高，外圆尺寸精度为 -0.3mm，其余尺寸精度皆为 $\pm0.1\text{mm}$。车削时先车削整体外圆，然后用切槽刀车削 15mm 和 5mm 的槽，最后倒角。表面车削后的粗糙度值为 $Ra3.2\mu\text{m}$。

外沟槽采用三爪卡盘装夹，装夹前应使用百分表校正。注意各个面的加工次序，按粗、精车分开加工，以保证尺寸精度和位置精度。

三、车削工艺

外沟槽加工工艺见表 4-9。

表4-9　外沟槽加工工艺卡片

加工工艺卡片		产品型号			零部件图号	C04		共1页
		产品名称			零部件名称	外沟槽		第1页
材料牌号	45#	毛坯种类	型钢	毛坯尺寸/mm	φ36×75	每毛坯制件数	每台件数	备注
工序号	工步号	工序内容			车间	工段	设备	工艺装备
1	01	读图、检测毛坯、清理毛坯毛刺及表面、校正并装夹工件					卧式车床 CA6140	钢直尺、锉刀、毛刷、三爪卡盘、百分表、车刀等
	01	用45°外圆车刀粗、精车端面，保证表面粗糙度						
	02	粗、精加工 φ34mm×20mm外圆，保证尺寸精度和表面粗糙度						
2	03	调头用铜纸包住 φ34mm×20mm 部分，采用一夹一顶装夹						45°外圆车刀、90°外圆车刀、钢直尺、0～125mm游标卡尺、25～50mm千分尺、0～25mm千分尺、表面粗糙度样本等
	04	粗、精加工 φ24mm×50mm外圆，保证尺寸精度和表面粗糙度						
	05	用宽度为5mm的切槽刀粗、精车槽至 φ20mm到位						
	06	用宽度为5mm的切槽刀按吃刀量分步粗、精车槽至15mm×φ18mm到位						
	07	锐边倒钝，把零件车测清理干净						

加工工序：车削

工时　准终　单件

设计（日期）　审核（日期）　标准化（日期）　会签（日期）

标记	处数	更改文件号	签字	日期	标记	处数	更改文件号	签字	日期

四、任务评价与反馈

外沟槽主要用切槽刀控制槽的深度与长度，加工时先保证长度 50mm 的外圆尺寸精度和位置精度，然后使用切槽刀精车两个槽。加工时注意保证切槽刀与工件轴线的垂直度。

1. 产品检验

用游标卡尺、百分表、千分尺自检，填写表 4-10。

表 4-10　外沟槽评分表

学生姓名			学号/工位号			总分			
零件名称	外沟槽		零件图号		C04	加工时间			
考核项目		考核内容	配分		评分标准		自检	互检	教师
主要项目	1	$\phi34^{0}_{-0.3}$、$Ra1.6$	15		超差 0.01 扣 2 分，每降一级扣 1 分				
	2	$\phi24^{0}_{-0.3}$、$Ra1.6$	15		超差 0.01 扣 2 分，每降一级扣 1 分				
	3	$\phi24^{0}_{-0.3}$、$Ra1.6$	15		超差 0.01 扣 2 分，每降一级扣 1 分				
	4	70	5		超差不得分				
	5	50	5		超差不得分				
	6	15	5		超差不得分				
	7	15	5		超差不得分				
	8	$\phi18$	5		超差不得分				
	9	$5\times\phi20$	5		一处超差扣 5 分				
	10	表面粗糙度	5		$Ra3.2$				
	11	倒角，去毛刺	5		倒角 1.5×45°、2×45°，不符扣 2 分，锐边倒钝不符扣 1 分				
工件外观		工件表面	5		工件表面无夹伤、划伤痕迹				
安全文明生产		遵守安全生产各项规定，遵守车间管理制度	10		违反规章制度者，一次扣 2 分				
总配分			100		合计				
工时定额		120min		超时 30min 以内扣 10 分，超时 30min 以上不计分					
教学评价		○ 优秀（85 分及以上）　○ 良好（75～84 分） ○ 及格（60～74 分）　○ 不及格（60 分以下）				综合得分			
						教师签名			

2. 自我评价

（1）车削沟槽的刀具与什么有关？

（2）切槽刀进给时如何确定吃刀量与进给速度？

（3）项目加工心得：

项目五　外螺纹加工

项目要求：

● 分析图纸，明确加工要求，对外螺纹加工进行工艺分析，做好加工前的准备工作。

● 参照车削工艺完成外螺纹的车削加工和检验。

一、工件图纸

外螺纹如图 4-5 所示。

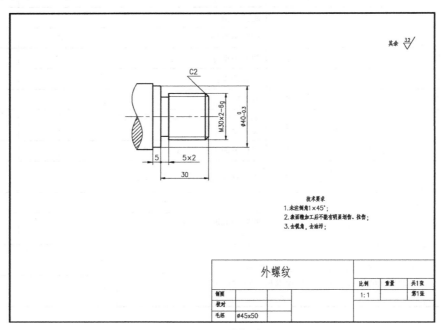

图 4-5　外螺纹

二、加工要求和工艺分析

由图 4-5 可知，工件材料为 45 钢，毛坯尺寸为 ϕ45mm×50mm。外螺纹加工中外圆部分的加工精度不高，为-0.3mm。加工时，先车削 ϕ40mm×35mm 外圆，然后在此基础上车削螺纹加工前的外圆。要特别注意，由于螺纹加工中有挤压，因此在加工大径外圆时要车小挤压部分。螺纹大径一般比公称直径约小 0.1P（0.1 是挤压系数，不同材料系数不同，P 是螺距），因此大径外圆加工至 ϕ29.8mm，接着加工 5mm×2mm 的螺纹退刀槽，最后调节好螺距，完成外螺纹加工。

外螺纹加工采用三爪卡盘装夹，装夹前应使用百分表校正。加工螺纹前要确保螺纹刀垂直于工件轴线，采用双手控制正反转车削螺纹，加工过程中要留意螺纹开合手柄是否有跳动现象，避免出现乱牙。

三、车削工艺

外螺纹加工工艺见表 4-11。

四、任务评价与反馈

通过外螺纹的车削加工，熟悉切槽刀与螺纹刀的使用及安装方法，能够合理地选择转速配合螺距进行螺纹加工，掌握螺纹车削中双手控制正反转的方法。

1. 产品检验

用游标卡尺、百分表、螺距规、螺纹直通规自检，填写表 4-12。

2. 自我评价

（1）外螺纹加工应采用的转速是多少？

_____

_____

（2）项目加工心得：

_____

_____

表4-11 外螺纹加工工艺卡片

加工工艺: 车削		产品型号		零部件图号		C05		共1页
加工工艺卡片		产品名称		零部件名称		外螺纹		第1页
材料牌号	毛坯种类	毛坯尺寸/mm		每毛坯制件数		每台件数	备注	
45#	型钢	φ45×50						
工序号	工步号	工序内容	车间	工段	设备	工艺装备	备注	工时
1	01	读图、检测毛坯、清理毛刺及表面、用百分表校正并装夹工件				钢直尺、锉刀、毛刷、三爪卡盘、百分表、车刀等		准终
2	01	用45°外圆车刀粗、精车端面，保证表面粗糙度			卧式车床CA6140	45°外圆车刀、90°外圆车刀、60°外螺纹刀、钢直尺、螺距规、螺纹直通规、表面粗糙度样本等		单件
	02	粗、精加工φ40mm×35mm外圆						
	03	粗、精加工φ29.8mm×30mm外圆，保证表面粗糙度						
	04	粗、精加工5mm×2mm退刀槽，保证表面粗糙度						
	05	倒角C2						
	06	用60°外螺纹刀加工螺纹M30×2-6g外螺纹						
				设计（日期）	审核（日期）	标准化（日期）	会签（日期）	
标记	处数	更改文件号	签字	日期	标记	处数	更改文件号	签字	日期

表 4-12　外螺纹评分表

学生姓名			学号/工位号			总分			
零件名称	外螺纹		零件图号		C05	加工时间			
考核项目		考核内容	配分		评分标准		自检	互检	教师
主要项目	1	$\phi40$、Ra3.2	20		超差不得分，每降一级扣2分				
	2	M30×2-6g 牙型、粗糙度	20		超差不得分				
	3	M30×2-6g 中径	25		每超差 0.01 扣 3 分				
	4	5×2	5		超差不得分				
	5	长度 5	5		超差不得分				
	6	长度 30	5		超差不得分				
	7	倒角、去毛刺	5		一处不符扣2分				
工件外观		工件表面	5		工件表面无夹伤、划伤痕迹				
安全文明生产		遵守安全生产各项规定，遵守车间管理制度	10		违反规章制度者，一次扣2分				
总配分			100		合计				
工时定额		120min		超时 30min 以内扣 10 分，超时 30min 以上不计分					
教学评价		○ 优秀（85 分及以上）　○ 良好（75～84 分） ○ 及格（60～74 分）　○ 不及格（60 分以下）				综合得分			
						教师签名			

项目六　台阶盲孔加工

项目要求：

- 分析图纸，明确加工要求，对台阶盲孔加工进行工艺分析，做好加工前的准备工作。
- 参照车削工艺完成台阶盲孔的车削加工和检验。

一、工件图纸

台阶盲孔如图 4-6 所示。

二、加工要求和工艺分析

由图 4-6 可知，台阶盲孔材料为 45 钢，毛坯尺寸为 $\phi45mm×60mm$。台阶孔内径精度要求较高，因此在内径车削中要注意中滑板的控制，加工时对刀要准确。车削盲孔时必须先用麻花钻钻孔，为内孔的加工做好进刀准备。

根据孔径和孔深的加工余量，计算中滑板刻度盘的进刀数值，然后粗车孔，并留精加工余量。加工中注意台阶孔的加工次序，一般是先小后大，按粗、精车分开加工，以保证尺寸精度和位置精度。

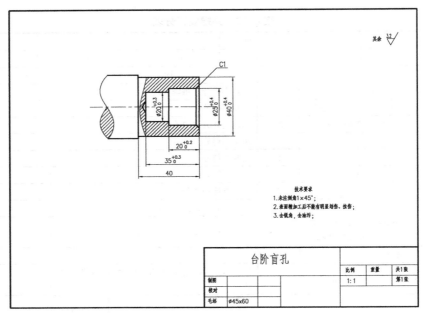

图 4-6　台阶盲孔

三、车削工艺

台阶盲孔加工工艺见表 4-13。

四、任务评价与反馈

台阶盲孔不贯通，在钻孔和车孔的过程中要注意深度的控制，同时要保证台阶面的粗糙度，因此要熟练掌握盲孔车刀的使用，善于利用中滑板的刻度计算吃刀量，在达到小孔深度时利用盲孔车刀纵向走刀修出内孔台阶面。

1. 产品检验

用千分尺、游标卡尺、内径百分表自检，填写表 4-14。

2. 自我评价

（1）如何正确使用内径百分表？

_____

_____

（2）简述台阶盲孔的车削工艺。

_____

_____

（3）项目加工心得：

_____

_____

表4-13　台阶盲孔加工工艺卡片

加工工序：车削	加工工艺卡片		产品型号		C06	共1页
			产品名称		台阶盲孔	第1页

材料牌号	毛坯种类	毛坯尺寸/mm		零部件图号			
45#	型钢	φ45×60		零部件名称			
				每毛坯制件数	每台件数		备注

工序号	工步号	工序内容	车间	工段	设备	工艺装备	工时（准终 / 单件）
1	01	读图、检测毛坯、清理毛坯毛刺及表面、校正并夹紧工件				钢直尺、锉刀、毛刷、平口钳、百分表、平行垫铁等。	
2	01	用45°外圆车刀粗、精车端面，保证表面粗糙度			卧式车床 CA6140	中心钻、麻花钻、90°外圆车刀、45°外圆车刀、内孔车刀、游标卡尺、内径百分表	
	02	用90°外圆车刀粗、精车φ40mm×40mm外圆，保证表面粗糙度					
	03	用中心钻在端面钻孔至孔φ18mm×35mm					
	04	根据小孔孔径和孔深的加工余量，粗、精车小孔内径φ20mm×35mm					
	05	根据大孔孔径和孔深的加工余量，粗、精车大孔内径φ25mm×20mm					
	06	根据图纸要求对孔口等部位去毛刺，倒角					

				设计（日期）	审核（日期）	标准化（日期）	会签（日期）
标记	处数	更改文件号	签字	日期	标记	处数	更改文件号	签字	日期

表 4-14 台阶盲孔评分表

学生姓名			学号/工位号		总分			
零件名称	台阶盲孔		零件图号	C06	加工时间			
考核项目	考核内容		配分	评分标准		自检	互检	教师
主要项目	1	$\phi40$、Ra3.2	10	每超差 0.01 扣 2 分，每降一级扣 2 分				
	2	$\phi20$、Ra3.2	20	每超差 0.01 扣 3 分，每降一级扣 2 分				
	3	$\phi25$、Ra3.2	20	每超差 0.01 扣 3 分，每降一级扣 2 分				
	4	深度 20	10	超差不得分				
	5	深度 35	10	超差不得分				
	6	长度 40	10	超差不得分				
	7	倒角，去毛刺	5	倒角 1×45°，锐边倒钝 C0.2～C0.3				
工件外观	工件美观度		5	表面光滑、完整，没有刮伤				
安全文明生产	遵守安全生产各项规定，遵守车间管理制度		10	违反规章制度者，一次扣 2 分				
总配分			100	合计				
工时定额	120min			超时 30min 以内扣 10 分，超时 30min 以上不计分				
教学评价	○ 优秀（85 分及以上）　○ 良好（75～84 分） ○ 及格（60～74 分）　○ 不及格（60 分以下）				综合得分			
					教师签名			

第五章　铣削技术及机床操作

一、铣削基本知识

二、普通铣床的操作

　　铣削是用铣刀加工工件表面的一种去除材料的加工方式，刀具的旋转运动是主运动，工件或铣刀的移动是进给运动（如图 5-1 所示）。铣削是加工平面的主要方法之一，被加工工件多为箱体类工件，一般在铣床或镗床上加工平面（水平面、斜面、垂直面）、沟槽（键槽、通槽、成形槽）、齿轮、螺纹和各种成形面，还可以在机床上进行钻孔、铰孔、铣孔等工作。

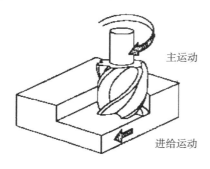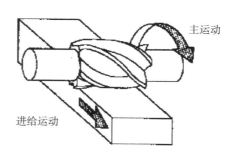

（a）立式铣床的切削运动　　　　　　　　　（b）卧式铣床的切削运动

图 5-1　铣床的切削运动

　　铣削时铣刀的各刃断续切削，容易产生振动，所以应特别注意其对加工精度的影响。铣削的经济加工精度为 IT9～IT7，表面粗糙度值为 Ra12.5～1.6μm。铣削时虽然是断续切削，但由于铣刀各刃轮流参与切削，刀刃散热条件好，铣刀耐用度高。

　　铣床主要有立式铣床、卧式铣床、龙门铣床和仿形铣床等，如图 5-2 所示为立式铣床，此类铣床在生产当中最为常用，本书主要围绕立式铣床讲解铣床的操作方法和项目加工。

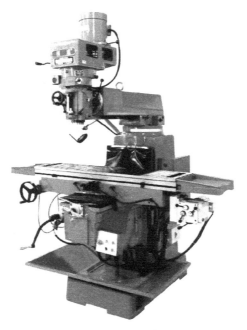

图 5-2　立式铣床

一、铣削基本知识

1. 铣刀

铣刀用来在普通铣床和数控铣床上加工槽与外形轮廓，在铣镗加工中心上加工型腔、型芯、曲面外形轮廓等。不同种类的铣刀在工件上不同部位的加工示意图如图 5-3 所示。

图 5-3　不同种类的铣刀在工件上不同部位的加工示意图

铣刀可分为如下几种。

1）面铣刀

面铣刀的圆周表面和端面都有切削刃，端面切削刃为副切削刃。面铣刀多制成套式镶齿结构，刀齿材料为高速钢或硬质合金，刀体材料为 40Cr。面铣刀多用于铣削大平面，如图 5-4 所示。

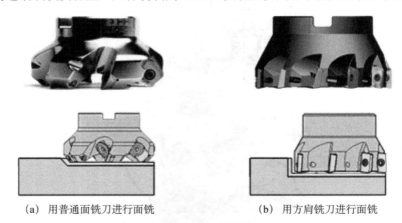

(a) 用普通面铣刀进行面铣　　　　　(b) 用方肩铣刀进行面铣

图 5-4　面铣刀

2）立铣刀

立铣刀多用于粗铣，也可用于小面积水平平面或轮廓精铣。其中，三刃或四刃立铣刀可用其底面和侧刃进行加工，一般情况下多使用侧刃加工工件的侧面。三刃立铣刀排屑和抗震性能好，是铣铝专用铣刀。如图 5-5 所示为机械夹固式立铣刀和整体式立铣刀。

（a）机械夹固式立铣刀

（b）整体式立铣刀

图 5-5　机械夹固式立铣刀和整体式立铣刀

两刃立铣刀也称为键槽铣刀，其螺旋角为 30°，多用于加工工件内部键槽或凹腔。如图 5-6 所示为键槽铣刀。

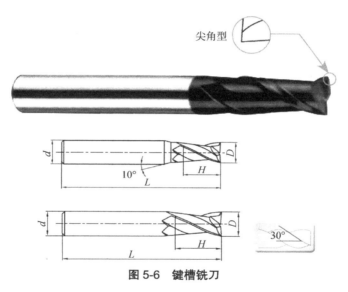

图 5-6　键槽铣刀

3）球头铣刀

球头铣刀多为两刃球头铣刀，也有多刃球头铣刀，多用于曲面半精铣和精铣，小刀可以精铣陡峭面、直壁的小倒角，也适用于仿形加工，如用于加工球形槽等。两刃球头铣刀如图 5-7 所示。

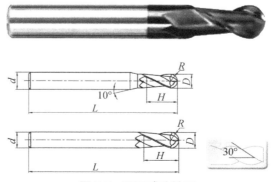

图 5-7　两刃球头铣刀

4）平底圆角铣刀

平底圆角铣刀也称为圆弧铣刀，可进行粗铣，也可精铣平整面（相对于陡峭面）的小倒角，圆弧与周刃实现高精度的无缝连接，改善接刀处的磨损状况，延长刀具寿命。平底圆角铣刀如图 5-8 所示。

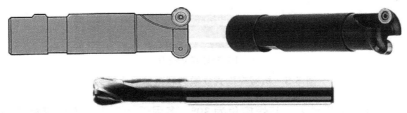

图 5-8　平底圆角铣刀

5）成形铣刀

成形铣刀包括倒角刀、T 形铣刀（鼓形刀）、燕尾刀、齿型刀、内外 R 刀等（如图 5-9 所示）。倒角刀外形与倒角形状相同，分为圆倒角和斜倒角的铣刀。T 形铣刀和燕尾刀可以铣削 T 形槽和燕尾槽。齿型刀可铣出各种齿型。内外 R 刀可进行内外圆弧倒角成形加工。

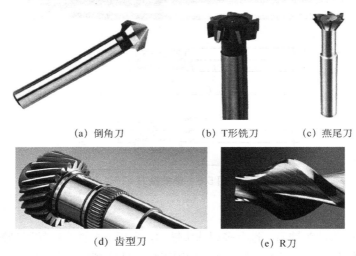

(a) 倒角刀　　　　　(b) T形铣刀　　　　(c) 燕尾刀

(d) 齿型刀　　　　　(e) R刀

图 5-9　成形铣刀

铣刀还可按照端齿类型分类，如图 5-10 所示。

铣刀的螺旋角通常为 30°、45° 和 55°，如图 5-11 所示。

铣刀的加工状态如图 5-12 所示。

2. 切削用量

在切削加工中，通常都希望加工时间短、刀具寿命长和加工精度高。因此，必须充分考虑工件的材质、硬度、形状及机床的性能，并选择合适的刀具及切削条件。其中，切削用量如下。

	二刃平头铣刀	
	二刃球头铣刀	
	二刃圆弧铣刀	
	三刃平头铣刀	
	三刃圆弧铣刀	
	四刃平头铣刀	
	四刃球头铣刀	
	四刃圆弧铣刀	
	六刃平头铣刀	

图 5-10　按端齿类型分类的铣刀

	β为螺旋角，有30°、45°、55°三种

图 5-11　铣刀的螺旋角

1）主轴转速 n 和切削速度 v_c

切削速度 v_c 即铣刀最大直径处的线速度。切削速度的计算公式为

$$v_c=\pi Dn/1000$$

式中，n——主轴转速（r/min）；

D——工件直径（mm）。

2）进给速度 v_f 和进给量 f

进给量是指刀具每旋转一周，工件与刀具沿进给运动方向的相对移动量。

在数控铣床中，切削速度通常用进给速度来表示。进给速度与进给量的关系为

$$v_f=n\times f$$
$$f=Z_c\times f_z$$

式中，v_f——进给速度（mm/min）；

n——主轴转速（r/min）；

f——进给量（mm/r）；

Z_c——刀刃齿数；

f_z——每齿进给量（mm）。

3）背吃刀量 a_p 和侧吃刀量 a_e

铣削的两种形式如图 5-13 所示。

侧面加工	平头铣刀侧面加工
台阶加工	平头铣刀台阶加工
直角槽加工	平头铣刀直角槽加工
平头深沟加工	平头铣刀深沟加工
仿形加工	球头铣刀仿形加工
型腔加工	球头铣刀型腔加工
球形槽加工	球头铣刀槽加工
球头深沟加工	球头铣刀深沟加工
R型加工	圆弧铣刀侧面加工
R槽加工	圆弧铣刀槽加工
仿形加工	圆弧铣刀仿形加工

图 5-12 铣刀的加工状态

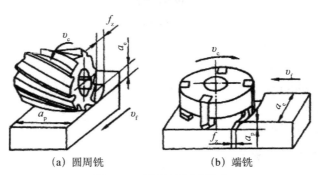

（a）圆周铣　　　　　　（b）端铣

图 5-13 铣削的两种形式

背吃刀量 a_p 为平行于铣刀轴线测量的切削层尺寸。端铣时，a_p 为切削层深度；圆周铣时，a_p 为被加工表面的宽度。侧吃刀量 a_e 为垂直于铣刀轴线测量的切削层尺寸。端铣时，a_e 为被加工表面的宽度；圆周铣时，a_e 为切削层深度。

数控加工中选择切削用量，应在保证加工质量和刀具耐用度的前提下，充分发挥机床性能和刀具切削性能，使切削效率最高，加工成本最低。切削用量的选择方法：先选取背吃刀量或侧吃刀量，然后确定进给速度，最后确定切削速度。

背吃刀量和每齿进给量推荐值见表 5-1。

表 5-1　背吃刀量和每齿进给量推荐值

刀具		材料	背吃刀量/mm		每齿进给量/mm	
			粗铣	精铣	粗齿和镶齿铣刀	细齿铣刀
高速钢铣刀	圆柱铣刀	钢	2～4	0.5～1	0.12～0.2	0.06～0.1
		铸铁	4～7	0.5～1	0.2～0.3	0.1～0.15
	端铣刀 三面刃铣刀	钢	2～4	0.5～1	0.08～0.15	0.06～0.1
		铸铁	3～7	0.5～1	0.2～0.3	0.15～0.3
硬质合金铣刀		钢	3～11	0.5～1	0.1～0.4	—
		铸铁	8～16	0.5～1	0.15～0.3	—

切削速度推荐值见表 5-2。

表 5-2　切削速度推荐值

常用工件材料	切削速度/（m/min）		说明：
	高速钢铣刀	硬质合金铣刀	
20	20～40	60～150	说明：
45	15～35	55～115	1. 粗铣时取最小值，精铣时取最大值
40Cr	15～33	55～120	2. 工件材料强度、硬度高时取最小值，反
HT150	15～21	60～110	之取最大值
铝镁合金	180～300	360～600	3. 精加工时切削速度可比本表中的值增大
黄铜	60～90	180～300	30%左右
青铜	30～50	180～300	

3. 顺铣和逆铣

圆周铣有逆铣和顺铣之分（如图 5-14 所示）。逆铣时，铣刀的旋转方向与工件的进给方向相反；顺铣时，铣刀的旋转方向与工件的进给方向相同。逆铣时，切屑的厚度从零开始渐增。实际上，铣刀的刀刃开始接触工件后，将在表面滑行一段距离才真正切入金属。这就使得刀刃容易磨损，并增大加工表面的粗糙度值。逆铣时，铣刀对工件有上抬的切削分力，影响工件安装在工作台上的稳固性。顺铣则没有上述缺点。但是，顺铣时工件的进给会受工作台传动丝杠与螺母之间间隙的影响。因为铣削的水平分力与工件的进给方向相同，铣削力忽大忽小，就会使工作台窜动和进给量不均匀，甚至引起打刀或损坏机床。因此，采用顺铣时，必须在纵向进给丝杠处设置消除间隙的装置。但一般铣床上没有消除丝杠与螺母间隙的装置，只能采用逆铣。另外，对铸锻件表面的粗加工，顺铣时刀齿首先接触黑皮，将加剧刀具的磨损，因此也以逆铣为妥。

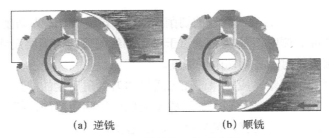

(a) 逆铣　　　　　　　　　　(b) 顺铣

图 5-14　逆铣和顺铣示意图

中心铣削时，铣削模式是逆铣和顺铣结合，如图 5-15 所示。

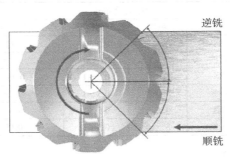

图 5-15　中心铣削时逆铣和顺铣结合的铣削模式

4. 铣削安全操作规程

（1）工作前，必须穿好工作服，扎紧袖口，将头发压在工作帽内。操作时严禁戴手套，高速铣削时要戴防护眼镜，铣铸铁等脆性材料时要戴口罩。

（2）工作前认真检查机床各部件、设备电器和相应安全装置是否安全可靠。在规定部位加注润滑油和冷却液。

（3）进行铣削前，必须注意各变速手柄、进给手柄和锁紧手柄等位置是否正确。

（4）装夹工件、刀具必须牢固可靠，严禁用开动机床的动力装夹刀轴和拉杆。

（5）主轴变速必须停车，变速时先打开变速操作手柄，再选择转速，最后以适当的速度将操作手柄复位。

（6）开始铣削加工前，刀具必须离开工件，并应查看铣刀旋转方向与工件相对位置是顺铣还是逆铣，通常不采用顺铣，而采用逆铣。若有必要采用顺铣，则应事先调整工作台丝杠与螺母的间隙，否则将产生扎刀或打刀现象。

（7）自动走刀时，拉开手轮，注意限位挡块位置是否适当、可靠。

（8）加工中，严禁将多余的工件、夹具、刀具、量具等摆放在工作台上，以防碰撞、跌落，发生人身和设备事故。

（9）操作人员不得在机床运行过程中擅离岗位或委托他人看管，不准闲谈、打闹和嬉笑。

（10）两人或多人共同操作一台机床时，必须严格分工，分段操作，严禁同时操作一台机床。

（11）中途停车测量工件时，不得用手强行制动由于惯性而转动的铣刀主轴。

（12）取出加工完成的工件后应及时去毛刺，防止划伤手指或划伤堆放的其他工件。

（13）严格执行用电规定，不准使用不熟悉的电气装置。不准用扳手、金属棒等拨动电钮或电闸开关。不能在没有绝缘的导线附近工作。电气设备维修应由专业人员进行，不得擅自拆卸。

（14）工作中若发现机床有异常现象，应立即停车并切断电源，请维修人员及时排除故障。

（15）如发现有人触电，应立即切断电源或用木棒将触电者撬离电源，并根据情况采取相应的救护措施。

（16）工作结束时应认真清扫机床并加油，同时将工作台移向立柱附近。

（17）工作结束后，收拾好所有的工、量、刃具及夹具，摆放于工具箱中，工件交检。

（18）清扫工作场所，将铁屑放到规定地点。

二、普通铣床的操作

1. 万能摇臂立式铣床的基本用途及特点

1）基本用途

以南通万能摇臂立式铣床为例介绍普通铣床的操作，其型号为X6325T。该铣床加工范围广，不仅可以加工各种二维平面，也可以钻、铰、镗任意角度的孔，还可以配合附件加工螺旋面、齿轮、花键、圆柱面等。其适用于各种企业的维修和生产加工，特别适用于工、夹、磨具的制造。

2）特点

（1）机床结构紧凑、体积小、操作灵活。铣头能左右回转90°，前后回转45°；伸臂不仅可以前后伸缩，而且可以回转360°，增大了铣床的有效工作范围。

（2）机床工作台和升降座采用集中润滑，铣床侧面有一台手摇泵，利用油泵的供油来润滑导轨副和丝杠副。

（3）机床纵向进给可以采用手动或机动，机动进给是利用装于工作台右端的走刀器来实现的。横向进给只有手动。升降座升降通常采用手动，如果需要自动升降，须加装升降电动机。

（4）采用NT40型铣头，铣头直接连接，提高了机床的稳定性和强度。

2. 万能摇臂立式铣床的结构

万能摇臂立式铣床及其各部位名称如图5-16和图5-17所示。

该铣床有三条轴：X轴（工作台左右移动的轴）、Y轴（工作台前后移动的轴）、Z轴（工作台上下移动的轴）。三条轴都是顺时针旋转为正，逆时针旋转为负，在加工过程中尤其要注意三条轴的移动方向，防止由于移动方向错误，导致零件过切，或者刀具崩坏。具体移动的距离可以看机床配套的数显器，或者看三条轴移动把手圆周上的刻度，每一小格为0.05mm。

3. 普通铣削加工前的辅助工作

1）零件的安装

零件的安装一般包含两项内容：定位、夹紧。在普通铣床上，一般使用夹具来完成零件的安装。夹具一般分为通用夹具、专用夹具、组合夹具三种。在普通铣床实训中使用的是通用夹具中的机用平口钳与三爪卡盘。

图 5-16 万能摇臂立式铣床

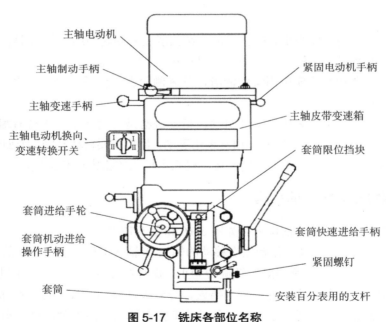

主轴电动机

主轴制动手柄

主轴变速手柄

主轴电动机换向、变速转换开关

套筒进给手轮

套筒机动进给操作手柄

套筒

紧固电动机手柄

主轴皮带变速箱

套筒限位挡块

套筒快速进给手柄

紧固螺钉

安装百分表用的支杆

图 5-17 铣床各部位名称

（1）用平口钳装夹工件。

工件毛坯为长方体时，要用平口钳装夹工件。装夹工件之前必须通过量表找正平口钳的固定钳口，使之与 X 轴平行，找正精度要高于工件本身加工精度（最好使百分表的指针在一小格内晃动），找正后将其固定在机床工作台上。紧固钳体后须再进行复检，以免紧固时平口钳发生位移。平口钳装夹方便，应用广泛，适于装夹形状规则的小型工件（如图 5-18所示）。

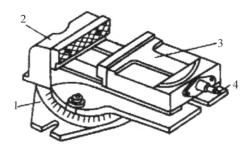

1—底座；2—固定钳口；3—活动钳口；4—螺杆

图 5-18　平口钳示意图

如图 5-19 所示，工件装夹在平口钳中间，工件底部用标准垫铁垫平。根据工件的高度，在平口钳钳口内放入形状合适和表面质量较好的垫铁后，再放入工件，一般是工件的基准面朝下，与垫铁面紧靠，然后拧紧平口钳。放入工件前，应对工件、钳口和垫铁的表面进行清理，以免影响加工质量。装夹时垫铁高度应合理，装夹后工件上表面到钳口上表面的距离 H 至少比外形铣削深度高 2mm。

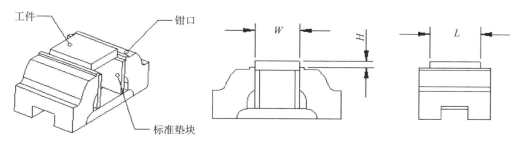

图 5-19　平口钳装夹工件示意图

平口钳装夹工件的正确方式与错误方式对比如图 5-20 所示。

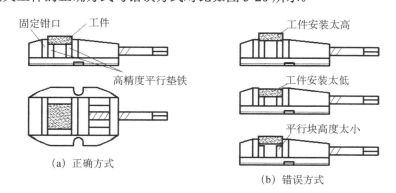

（a）正确方式　　（b）错误方式

图 5-20　平口钳装夹工件的正确方式与错误方式对比

（2）用三爪卡盘装夹工件。

当毛坯是圆棒料时，一般使用安装在机床工作台上的三爪卡盘来装夹。如果已经完成圆柱表面的加工，应在卡盘上安装一套软卡爪。如图 5-21 所示，在工作台上安装三爪卡盘，并用卡盘定位、夹紧圆柱工件。

图 5-21　用三爪卡盘装夹圆柱工件

（3）装夹要点。

在确定装夹方案时，应根据已选定的加工表面和定位基准确定工件的定位夹紧方式，并选择合适的夹具。主要考虑以下几点。

①夹紧机构或其他工件不得影响进给，加工部位要敞开。要求夹持工件后夹具等不能与刀具运动轨迹发生干涉。

②必须保证夹紧变形最小。工件加工时的切削力大，需要的夹紧力也大，但又不能把工件夹压变形。因此，必须慎重选择夹具的支撑点、定位点和夹紧点。

③装卸方便，辅助时间尽量短。

④对小型工件或工序时间不长的工件，可以在工作台上同时装夹多件进行加工，以提高加工效率。

⑤夹具结构应力求简单。

⑥夹具应便于与机床工作台及工件定位表面间的定位工件连接。

2）刀具的装拆步骤

（1）用气枪或棉纱把铣刀的刀柄部分、刀套的内腔及主轴锥孔清理干净，防止有铁屑、杂物影响铣刀的直径，从而影响加工精度。

（2）铣刀的夹持部分不要太短，也不要太长，把铣刀螺旋槽（排屑槽）全部露在刀套外面即可。

（3）把刀套套到主轴锥孔中，然后拧紧主轴上面的螺杆，通过刀套与锥孔的锥度配合产生夹持力，夹紧铣刀，完成铣刀的安装。需要注意的是，刀套的侧面有一条槽，在装刀的时候一定要对准锥套里面伸出来的一颗螺钉（具体方法：把刀套向上顶一下，然后旋转一圈），上紧之后刀套会跟着主轴一起旋转。

（4）拆刀时，按照装刀的相反步骤进行。首先，推紧主轴制动手柄，把螺杆拧松至能拉出来之后，先上紧几圈，用铝棒敲一下螺杆，再松开螺杆，刀套就掉下来了。之所以这样操作，是因为刀套的锥面和主轴锥孔的锥面贴合后，会形成真空，松开螺杆后刀套不会自己掉下来，需要外力敲击，刀套才能掉下来。"先上紧几圈"是为了保护螺杆的螺纹，如果直接敲，很容易敲坏螺杆的螺纹。

3）主轴变速

在开始铣削之前，需要确定主轴转速。

主轴共有 16 级转速。主轴电动机是变速电动机，有高速、低速两挡速度；皮带有 4 挡传动比；此外，通过改变主轴变速手柄的位置，也可得到高、低两挡速度（在高速挡，动力由电动机皮带传给主轴；在低速挡，动力由电动机皮带背轮机构传给主轴）。三者组合共有 16 级转速。具体速度值见表 5-3。

表 5-3　主轴转速

单位：r/min

主轴变速手柄	电动机							
	Ⅰ				Ⅱ			
A	65	90	202	285	130	177	402	565
B	555	755	1705	2400	1100	1495	3400	4760

普通铣床主轴转速改变方法主要有三种：电动机的高速、低速挡（Ⅰ挡和Ⅱ挡），主轴变速手柄的高速、低速挡（A、B 挡），以及电动机传动比的改变（如图 5-22 所示）。

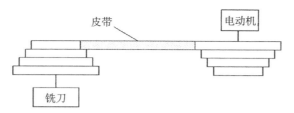

图 5-22　主轴变速原理图

以 ϕ16mm 的高速钢立铣刀为例，它加工 A3 钢的适宜参数为 400～600r/min。由表 5-3 可以知道，应该用 555r/min、402r/min、565r/min 这三种速度，这里以 555r/min 为例来介绍变速方法。首先确定 Ⅰ 挡和 B 挡，然后需要判断皮带应该挂到第几级。从图 5-22 可以看出，在其他条件不变的情况下，皮带越往下，铣刀旋转速度越慢。因此，想要获得 555r/min 这个速度，应该是 Ⅰ 挡、B 挡、皮带挂到第一级。

（1）电动机正反转和高、低速挡的改变方法。

改变电动机转速时，电动机一定要处于停止状态，即先关闭机床。如图 5-23 所示，旋钮的左边和右边分别对应电动机的正转和反转，一般使用正转，即将旋钮转到右边，然后用电动机开关来控制高速、低速挡，拧到 Ⅰ 就是低速挡，拧到 Ⅱ 就是高速挡，中间 OFF 是关闭电动机。

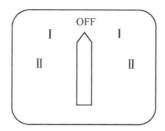

图 5-23　电动机的正反转和高、低速挡

（2）主轴变速手柄高、低速挡的改变方法。

关闭机床，然后找到机床的主轴变速手柄，它只有两个挡位：A 挡和 B 挡，拧到 A 挡就是低速挡，拧到 B 挡就是高速挡，如图 5-24 所示。

图 5-24　主轴变速手柄的高、低速挡

（3）电动机传动比改变步骤。

①先松开右边的紧固手柄，再将电动机往前拉（如图 5-25 所示）。

②皮带处于放松状态，这时可根据需要调整皮带位置。

③用力将电动机往后推，以保证足够的张紧力。

④用紧固手柄紧固电动机。

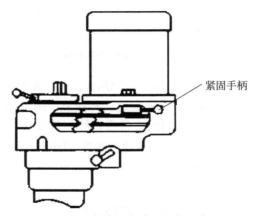

图 5-25　电动机传动比改变示意图

需要注意的是，必须先关闭机床，再进行主轴变速，否则可能会由于突然变速，造成机床传动齿轮崩坏或人身伤害。

4）机床辅助操作

（1）打开墙壁上机床的电源开关及机床电箱上的开关。

（2）拧开急停开关，打开机床开关。

（3）拧开电动机开关并调到合适的转速。值得注意的是，铣刀的切削刃都是朝着顺时针方向的，所以主轴必须正转，否则加工时由于铣刀反转没有切削力，会造成铣刀断裂、烧焦，引发安全事故。具体方法：先把电动机开关拧到一边，然后关闭，观察铣刀的旋转方向，顺时针为正转，逆时针为反转。

（4）打开冷却液。冷却液共有两个开关：一个在电箱上；另一个在冷却液胶管上，0°是关，90°是开。具体如图 5-26 所示。

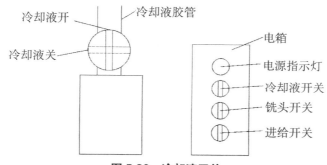

图 5-26　冷却液开关

5）自动走刀

在实际加工中，为了降低操作者的劳动强度，可以使用自动走刀来完成一些重复性的操作。

自动走刀的方法很简单，首先使用自动走刀进给量调节器来调节自动走刀的速度，然后扳动 X 轴自动走刀开关，就可以让机床自动加工了。值得注意的是，X 轴自动走刀开关共有三个挡位，中间是停止，左右两边分别控制 X 轴正负两个方向。Y 轴的情况与此相同，Z 轴是没有自动走刀的。

6）数字显示器的使用

在实际生产中，为了操作简便，往往会在购买机床的时候配套购买一个数字显示器，以方便观察 X、Y、Z 三条轴的实际移动数值，从而方便控制尺寸和加工。

数字显示器经常使用的功能有 X、Y、Z 三条轴的清零功能，当操作者对好刀之后，可以按一下清零键把数字全部归零，从而方便观察移动的距离和进给量，如图 5-27 所示。

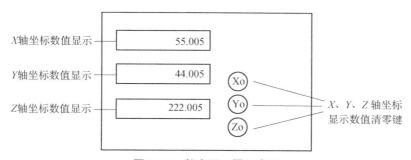

图 5-27　数字显示器示意图

7）X、Y、Z 轴的锁紧方法

由于构造问题，普通铣床的自锁能力不好。在铣削的过程中，往往会因为振动、切削力的分力等因素，造成普通铣床 X、Y、Z 轴的位移，导致加工出来的零件直线度、尺寸精度、粗糙度等都受到影响。所以，在加工的过程中，往往会把不参与铣削的轴用锁紧手柄固定好，以减少铣床自锁能力不好所带来的影响。

X、Y、Z 轴的锁紧手柄如图 5-28 所示。

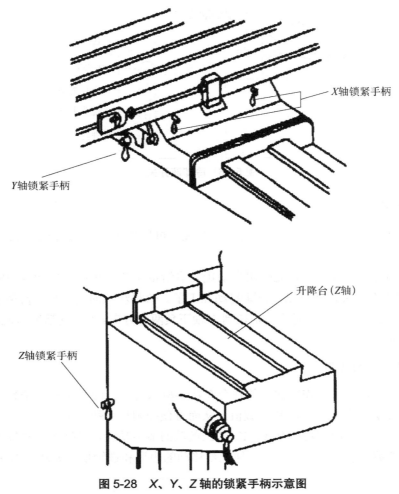

X轴锁紧手柄

Y轴锁紧手柄

升降台(Z轴)

Z轴锁紧手柄

图 5-28　X、Y、Z 轴的锁紧手柄示意图

4. 使用普通铣床的安全注意事项

（1）机床未经润滑，不许启动。

（2）按照机床润滑点的规定，定期注油润滑，经常查看储油器的油量，及时补充润滑油。

（3）检查机床油路是否畅通，油管有无破损的地方或漏油现象。

（4）操作完毕，将固定的部位松开，将工作台面上滴落的润滑油清理干净。

（5）定期检查各部位并调整松紧度。

（6）定期检查所有螺杆、螺母之间的间隙并适当调整。

（7）检查机台电源线是否完好无损，有无漏电、短路现象。

（8）主轴变速前必须先停机。

（9）当主轴转速超过 2000r/min 时，不可使用主轴机动进给。

（10）当移动部件处于锁紧状态时，不许移动该部件。

（11）不允许使用刀盘进行强力切削加工。

（12）在拆装和维修机床前，必须切断电源。

（13）当升降座采用电动机升降时，必须先将升降手柄取下来，再启动升降电动机。

（14）未经培训的人员不得直接操作机床。

（15）机床通电开机前必须可靠接地。

（16）禁止改动电气连接线。

（17）禁止改动除使用说明书允许的任何机械及电气参数。

第六章　铣削实训项目

项目重点：

- 铣刀的正确选用和安装。
- 工件安装和找正的方法。
- 平面、台阶、钻孔、圆弧、型腔和配合件铣削加工工艺。
- 平面、台阶、钻孔、圆弧、型腔和配合件铣削操作技能。
- 工件加工精度的保证方法和检验方法。

项目列表和材料准备清单见表6-1。

表6-1　项目列表和材料准备清单

序号	加工任务	材料	毛坯/mm	数量	参考工时/min	备注
1	正方体铣削	45	45×45×20	1	120	图6-1
2	台阶斜面铣削	45	40×40×18	1	120	图6-2
3	钻孔	45	40×40×18	1	120	图6-3
4	圆弧和腔体加工	45	45×45×22	1	120	图6-4
5	凹凸配	45	45×45×26	1	120	图6-5

刀具、工具、量具准备清单见表6-2。

表6-2　刀具、工具、量具准备清单

序号	名称	型号规格	数量	备注
1	立铣刀	ϕ20mm	2	白钢
2	立铣刀	ϕ10mm	1	白钢
3	立铣刀	ϕ8mm	1	白钢
4	中心钻	ϕ3.5mm	1	白钢
5	麻花钻	ϕ7.8、ϕ8mm	各1	白钢
6	铰刀	ϕ8mm	1	白钢
7	钢直尺	0～150mm	1	
8	游标卡尺	0～150mm	1	
9	千分尺	0～25、25～50mm	各1	
10	万能角度尺	0°～320°（2′）	1	
11	高度游标卡尺	0～300（0.02）mm	1	
12	垫片		若干	
13	铜棒（圆棒）		1	
14	活动扳手	15寸	1	
15	百分表（磁性表座）	0～10mm	1	
16	其他辅具		按需配备	

项目一　方块铣削

项目要求:

● 分析图纸,明确加工要求,对正方体进行工艺分析,做好加工前的准备工作。

● 参照铣削工艺完成方块的铣削加工和检验。

一、工件图纸

方块铣削如图 6-1 所示。

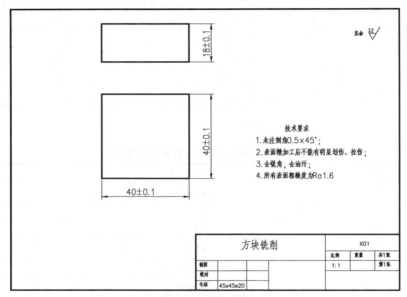

技术要求

1. 未注倒角0.5×45°;

2. 表面精加工后不能有明显划伤、拉伤;

3. 去锐角,去油污;

4. 所有表面粗糙度为Ra1.6

方块铣削		X01	
	比例	重量	共1张
制图	1:1		第1张
校对			
毛坯	45x45x20		

图 6-1　方块铣削

二、加工要求和工艺分析

由图 6-1 可知,工件材料为 45 钢,毛坯尺寸为 45mm×45mm×20mm。正方体尺寸精度有较高要求,上偏差为+0.1mm,下偏差为−0.1mm。未注倒角为 C0.5mm,铣削后的表面粗糙度值为 $Ra1.6\mu m$。

工件采用平口钳装夹,装夹前应使用百分表校正并夹紧。加工中注意吃刀量,按粗、精铣分开加工,以保证尺寸精度和位置精度。

三、铣削工艺

方块加工工艺见表 6-3。

表6-3　方块加工工艺卡片

加工工序：铣	方块加工工艺卡片		产品型号		零部件图号				共1页
			产品名称		零部件名称		方块		第1页
材料牌号	45#	毛坯种类	型钢	毛坯尺寸/mm	45×45×20	每毛坯制件数	每台件数	备注	
工序号	工步号	工序内容			车间	工段	设备	工艺装备	工时 准终/单件
1	01	读图、检测毛坯、清理毛坯毛刺及表面，工作露出平口钳10mm左右，校正并装夹工件						锉刀、毛刷、三爪卡盘、百分表、铣刀等	
2	01	用φ20mm铣刀粗、精铣端面，保证两表面平行度					普通立式铣床	φ20mm铣刀、钢直尺、0～125mm游标卡尺、25～50mm千分尺、表面粗糙度样本等	
	02	精铣另外两端面并保证精度							
	03	根据图纸要求倒角、去毛刺，并检查各部分尺寸。卸下工件，完成操作							
					设计（日期）	审核（日期）	标准化（日期）	会签（日期）	
标记	处数	更改文件号	签字	日期	标记	处数	更改文件号	签字	日期

四、任务评价与反馈

铣削加工须控制长度尺寸及表面粗糙度，具有典型的平面加工要求，粗加工尽量用较大的吃刀量，精加工采用试切法控制尺寸精度。本项目要求熟悉平面铣削的基本工艺，掌握铣床的操作、铣刀的装夹和工件的装夹定位，了解百分表的使用等知识。

1. 产品检验

用游标卡尺、千分尺、钢直尺自检，填写表6-4。

表6-4　方块评分表

学生姓名			学号/工位号		总分		
零件名称	方块		零件图号		加工时间		
考核项目	考核内容	配分	评分标准		自检	互检	教师
主要项目	1　40 ± 0.1	20	测量长度，每超0.1扣5分				
	2　$Ra1.6$	20	每降一级扣10分				
	3　未注倒角为$C0.5$	20	一处不符扣5分				
工件外观	工件表面	20	工件表面无夹伤、划伤痕迹				
安全文明生产	遵守安全生产各项规定，遵守车间管理制度	20	违反规章制度者，一次扣5分				
总配分		100	合计				
工时定额	120min		超时30min以内扣10分，超时30min以上不计分				
教学评价	○ 优秀（85分及以上）　○ 良好（75～84分）　○ 及格（60～74分）　○ 不及格（60分以下）			综合得分			
				教师签名			

2. 自我评价

（1）平面尺寸精度如何保证？

_____

_____

（2）用试切法时，如何调整尺寸偏差？

_____

_____

（3）项目加工心得：

_____

_____

项目二　台阶斜面铣削

项目要求：

● 分析图纸，明确加工要求，对工件进行工艺分析，做好加工前的准备工作。

● 参照铣削工艺完成台阶斜面的铣削加工和检验。

一、工件图纸

台阶斜面如图 6-2 所示。

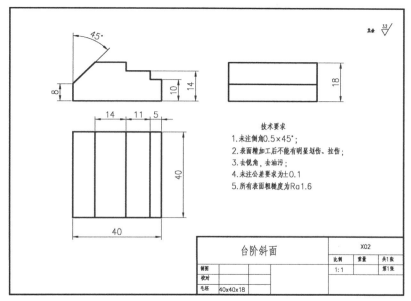

图 6-2　台阶斜面

二、加工要求和工艺分析

由图 6-2 可知，工件材料为 45 钢，将已经加工好的项目一工件作为毛坯，完成台阶斜面的铣削加工。

毛坯采用平口钳装夹，装夹前应使用百分表校正并夹紧。加工中注意吃刀量，按粗、精铣分开加工，以保证尺寸精度和位置精度。

三、铣削工艺

台阶斜面铣削加工工艺见表 6-5。

表 6-5 台阶斜面铣削加工工艺卡片

加工工艺卡片		产品型号		零部件图号		共 1 页
		产品名称		零部件名称	台阶斜面	第 1 页
材料牌号 45#	毛坯种类 型钢	毛坯尺寸/mm 40×40×18		每毛坯制件数	每台件数	备注

加工工序：铣

工序号	工步号	工序内容	车间	工段	设备	工艺装备	工时（准终/单件）
1	01	读图、检测毛坯、清理毛坯毛刷及表面，工件露出平口钳 6mm 左右，校正并装夹工件				锉刀、毛刷、三爪卡盘、百分表、铣刀等	
2	01	用 φ20mm 铣刀粗铣宽度为 5mm 和 11mm 的台阶			普通立式铣床	φ20mm 铣刀、φ20mm/R0.2mm 铣刀、钢直尺、0～125mm 游标卡尺、25～50mm 千分尺、表面粗糙度样本等	
	02	用 φ20mm 铣刀精铣并保证精度					
	03	调好数字显示仪表，用 φ20mm/R0.2mm 立铣刀进行加工，保证 45°角					
	04	根据图纸要求倒角，去毛刺，并检查各部分尺寸。卸下工件，完成操作					

				设计（日期）	审核（日期）	标准化（日期）	会签（日期）
标记	处数	更改文件号	签字	日期	标记	处数	更改文件号 签字 日期

四、任务评价与反馈

铣削加工须控制长度尺寸及表面粗糙度，具有典型的平面加工要求，粗加工尽量用较大的吃刀量，精加工采用试切法控制尺寸精度。本项目要求掌握平面铣削的基本工艺、斜度切削的工艺基础、仪表的使用、铣床的基本操作、铣刀的装夹、工件的装夹定位、百分表的使用等知识。

1. 产品检验

用游标卡尺、千分尺、钢直尺自检，填写表 6-6。

表 6-6 台阶斜面评分表

学生姓名			学号/工位号			总分			
零件名称		台阶斜面	零件图号			加工时间			
考核项目		考核内容	配分	评分标准			自检	互检	教师
主要项目	1	5±0.1	20	测量长度，每超 0.1 扣 5 分					
	2	11±0.1	20	测量长度，每超 0.1 扣 5 分					
	3	45°角	10	用万能角度尺检查，每超 0.5 扣 10 分					
	4	Ra1.6	20	每降一级扣 10 分					
	5	未注倒角为 C0.5	10	一处不符扣 5 分					
工件外观		工件表面	10	工件表面无夹伤、划伤痕迹					
安全文明生产		遵守安全生产各项规定，遵守车间管理制度	10	违反规章制度者，一次扣 2 分					
总配分			100	合计					
工时定额		120min		超时 30min 以内扣 10 分，超时 30min 以上不计分					
教学评价		○ 优秀（85 分及以上）　○ 良好（75～84 分） ○ 及格（60～74 分）　○ 不及格（60 分以下）				综合得分			
						教师签名			

2. 自我评价

（1）平面尺寸精度如何保证？

_____

_____

（2）用试切法时，如何调整尺寸偏差？

_____

_____

（3）项目加工心得：

_____

_____

_____

_____

_____

项目三 钻孔

项目要求：

● 分析图纸，明确加工要求，对钻孔进行工艺分析，做好加工前的准备工作。

● 参照铣削工艺完成台阶面上的钻孔加工和检验。

一、工件图纸

钻孔如图 6-3 所示。

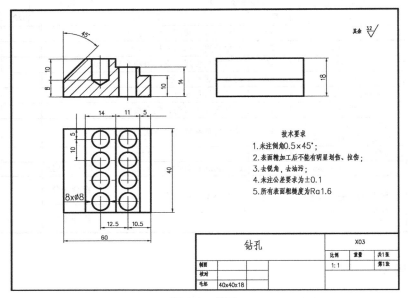

图 6-3 钻孔

二、加工要求和工艺分析

由图 6-3 可知，工件材料为 45 钢，用已经加工好的项目二工件作为毛坯，完成钻孔加工。

毛坯采用平口钳装夹，装夹前应使用百分表校正并夹紧。加工中注意吃刀量，按粗、精铣分开加工，以保证尺寸精度和位置精度。

三、铣削工艺

钻孔加工工艺见表 6-7。

表6-7　钻孔加工工艺卡片

加工工艺卡片		产品型号			零部件图号		共1页
		产品名称			零部件名称		第1页
材料牌号	45#	毛坯种类	型钢	毛坯尺寸/mm	40×40×18	每毛坯制件数	每台件数	备注

加工工序：铣							
工序号	工步号	工序内容	车间	工段	设备	工艺装备	工时（准终／单件）
1	01	读图、检测毛坯，清理毛坯毛刺及表面，工件露出平口钳8mm左右，校正并装夹工件				锉刀、毛刷、三爪卡盘、百分表、铣刀等	
2	01	用φ8mm钻头钻4个通孔			普通立式铣床	φ20mm铣刀、φ20mm/R0.2mm铣刀、钢直尺、0～125mm游标卡尺、25～50mm千分尺、表面粗糙度样本等	
	02	用φ8mm钻头钻4个盲孔，深度为10mm					
	03	根据图纸要求倒角，去毛刺，并检查各部分尺寸。卸下工件，完成操作					

备注：钻孔

标记	处数		设计（日期）	审核（日期）	标准化（日期）	会签（日期）

四、任务评价与反馈

钻孔加工包含盲孔和阶梯孔，具有典型的孔加工要求，粗加工尽量用较大的吃刀量，精加工采用试切法控制尺寸精度。本项目要求掌握孔加工的基本工艺、仪表的使用、铣床的基本操作、钻头的装夹、工件的装夹定位、百分表的使用等知识。

1. 产品检验

用游标卡尺、千分尺、钢直尺自检，填写表 6-8。

表 6-8　钻孔评分表

学生姓名			学号/工位号		总分			
零件名称	钻孔		零件图号		加工时间			
考核项目	考核内容	配分		评分标准		自检	互检	教师
主要项目	1　10.5±0.1	20		测量长度，每超 0.1 扣 5 分				
	2　12.5±0.1	20		测量长度，每超 0.1 扣 5 分				
	3　5±0.1	10		测量长度，每超 0.1 扣 5 分				
	4　10±0.1	20		测量长度，每超 0.1 扣 5 分				
	5　孔深 10±0.1	10		测量孔深，每超 0.1 扣 5 分				
工件外观	工件表面	10		工件表面无夹伤、划伤痕迹				
安全文明生产	遵守安全生产各项规定，遵守车间管理制度	10		违反规章制度者，一次扣 2 分				
总配分		100		合计				
工时定额	120min		超时 30min 以内扣 10 分，超时 30min 以上不计分					
教学评价	○ 优秀（85 分及以上）　○ 良好（75～84 分） ○ 及格（60～74 分）　○ 不及格（60 分以下）				综合得分			
					教师签名			

2. 自我评价

（1）平面尺寸精度如何保证？

_____

_____

（2）用试切法时，如何调整尺寸偏差？

_____

_____

（3）项目加工心得：

_____

_____

_____

_____

项目四　圆弧和腔体加工

项目要求：
- 分析图纸，明确加工要求，对工件进行工艺分析，做好加工前的准备工作。
- 参照铣削工艺完成圆弧、腔体的加工和检验。

一、工件图纸

圆弧和腔体如图 6-4 所示。

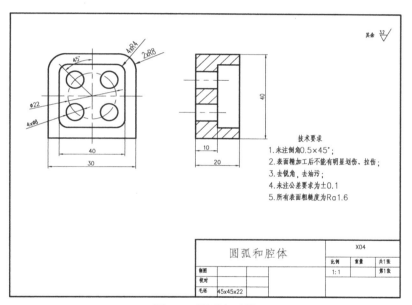

图 6-4　圆弧和腔体

二、加工要求和工艺分析

由图 6-4 可知，毛坯材料为 45 钢，要求完成圆弧与型腔的加工。

毛坯采用平口钳装夹，装夹前应使用百分表校正并夹紧。加工中注意吃刀量，按粗、精铣分开加工，以保证尺寸精度和位置精度。

三、铣削工艺

圆弧和腔体加工工艺见表 6-9。

表6-9 圆弧和腔体加工工艺卡片

加工工艺卡片		产品型号			零部件图号			共1页
		产品名称			零部件名称	圆弧和腔体		第1页

材料牌号	45#	毛坯种类	型钢	毛坯尺寸/mm	45×45×22	每毛坯制件数	每台件数	备注

加工工序：铣

工序号	工步号	工序内容	车间	工段	设备	工艺装备	工时	
							准终	单件
1	01	读图，检测毛坯，清理毛坯毛刺及表面，工件一边露出平口钳20mm左右，校正并装夹工件						
2	01	用φ20mm铣刀铣外形，倒R8圆角			普通立式铣床	锉刀、毛刷、三爪卡盘、百分表、铣刀、钻头等		
	02	用φ8mm铣刀铣型腔，深度为10mm						
	03	用φ8mm钻头钻4个通孔						
	04	根据图纸要求倒角，去毛刺，并检查各部分尺寸。卸下工件，完成操作				φ20mm铣刀、φ20mm/R0.2mm铣刀、钻头、0～125mm游标卡尺、钢直尺、25～50mm千分尺、表面粗糙度样本等		

	设计（日期）	审核（日期）	标准化（日期）	会签（日期）
标记	处数			

四、任务评价与反馈

圆弧和腔体加工包含圆弧倒角、型腔和钻孔加工，具有一定的综合性，粗加工尽量用较大的吃刀量，精加工采用试切法控制尺寸精度。本项目要求了解圆弧加工工艺的设置与腔体的基本加工工艺、仪表的使用、铣床的基本操作、钻头的装夹、工件的装夹定位、百分表的使用等知识。

1. 产品检验

用游标卡尺、千分尺、钢直尺自检，填写表 6-10。

表 6-10 圆弧与腔体评分表

学生姓名			学号/工位号			总分			
零件名称	圆弧和腔体		零件图号			加工时间			
考核项目		考核内容	配分		评分标准		自检	互检	教师
主要项目	1	30±0.1	20	测量长度，每超 0.1 扣 5 分					
	2	40±0.1	20	测量长度，每超 0.1 扣 5 分					
	3	$R8$ 圆弧	10	用弧度尺检测，每超 0.1 扣 5 分					
	4	$Ra1.6$	20	每降一级扣 10 分					
	5	未注倒角为 $C0.5$	10	一处不符扣 5 分					
工件外观		工件表面	10	工件表面无夹伤、划伤痕迹					
安全文明生产		遵守安全生产各项规定，遵守车间管理制度	10	违反规章制度者，一次扣 2 分					
总配分			100	合计					
工时定额		120min		超时 30min 以内扣 10 分，超时 30min 以上不计分					
教学评价		○ 优秀（85 分及以上）　○ 良好（75~84 分）　○ 及格（60~74 分）　○ 不及格（60 分以下）				综合得分			
						教师签名			

2. 自我评价

（1）平面尺寸精度如何保证？

_____

_____

（2）用试切法时，如何调整尺寸偏差？

_____

_____

（3）项目加工心得：

_____

_____

_____

_____

项目五　凹凸配

项目要求：
- 分析图纸，明确加工要求，对工件进行工艺分析，做好加工前的准备工作。
- 参照铣削工艺完成凹凸件的加工、检验和配合。

一、工件图纸

凹凸配如图 6-5 所示。

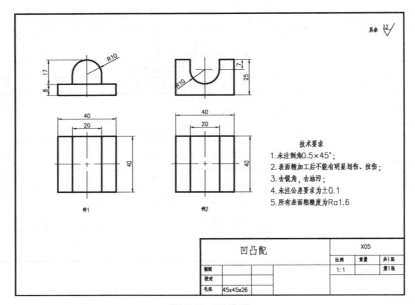

图 6-5　凹凸配

二、加工要求和工艺分析

由图 6-5 可知，毛坯材料为 45 钢，要求完成凹件与凸件的加工。

毛坯采用平口钳装夹，装夹前应使用百分表校正并夹紧。加工中注意吃刀量，按粗、精铣分开加工，以保证尺寸精度和位置精度。

三、铣削工艺

凹凸配加工工艺见表 6-11。

表6-11 凹凸配加工工艺卡片

加工工序：铣	加工工艺卡片		产品型号		零部件图号			共1页
			产品名称		零部件名称	凹凸配		第1页
材料牌号 45#	毛坯种类 型钢		毛坯尺寸/mm 45×45×26		每毛坯制件数	每台件数	备注	
工序号	工步号	工序内容	车间	工段	设备	工艺装备	工时 准终	单件
1	01	读图、件1检测毛坯、清理毛坯毛刺及表面，工件一边露出平口钳6mm左右，校正并装夹工件						
	02	用φ20mm铣刀铣外形尺寸				锉刀、毛刷、三爪卡盘、百分表、铣刀、钻头等		
	03	用φ20mm铣刀铣凸台						
	04	根据图纸要求铣倒角、去毛刺，并检查各部分尺寸。卸下工件，完成操作			普通立式铣床			
2	01	读图、件2检测毛坯、清理毛坯毛刺及表面，工件一边露出平口钳20mm左右，校正并装夹工件				φ20mm铣刀、φ20mm/R0.2mm铣刀、钢直尺、钻头、0~125mm游标卡尺、25~50mm千分尺、表面粗糙度样本等		
	02	用φ10mm铣刀铣凹腔						
	03	根据图纸要求铣倒角、去毛刺，并检查各部分尺寸。卸下工件，完成操作						
			设计（日期）	审核（日期）	标准化（日期）	会签（日期）		
标记	处数							

四、任务评价与反馈

凹凸配包含凸台与凹腔的加工，具有一定的综合性，粗加工尽量用较大的吃刀量，精加工采用试切法控制尺寸精度。本项目要求掌握圆弧加工工艺的设置与腔体的基本加工工艺、仪表的使用、铣床的基本操作、铣刀的装夹、工件的装夹定位、百分表的使用等知识。

1. 产品检验

用游标卡尺、千分尺、钢直尺自检，填写表 6-12。

表 6-12　凹凸配评分表

学生姓名			学号/工位号			总分		
零件名称		凹凸配	零件图号			加工时间		
考核项目		考核内容	配分	评分标准		自检	互检	教师
主要项目	1	40±0.1	10	测量长度，每超 0.1 扣 5 分				
	2	25±0.1	10	测量长度，每超 0.1 扣 5 分				
	3	7±0.1	10	测量长度，每超 0.1 扣 5 分				
	4	17±0.1	10	测量长度，每超 0.1 扣 5 分				
	5	R10 圆弧	10	用弧度尺检测，每超 0.1 扣 5 分				
	6	Ra1.6	20	每降一级扣 10 分				
	7	未注倒角为 C0.5	10	一处不符扣 5 分				
工件外观		工件表面	10	工件表面无夹伤、划伤痕迹				
安全文明生产		遵守安全生产各项规定，遵守车间管理制度	10	违反规章制度者，一次扣 2 分				
总配分			100	合计				
工时定额		120min		超时 30min 以内扣 10 分，超时 30min 以上不计分				
教学评价		○ 优秀（85 分及以上）　○ 良好（75～84 分） ○ 及格（60～74 分）　○ 不及格（60 分以下）			综合得分			
					教师签名			

2. 自我评价

（1）平面尺寸精度如何保证？

_____

_____

（2）用试切法时，如何调整尺寸偏差？

_____

_____

（3）项目加工心得：

_____

_____

_____

第七章　综合实训项目

项目一 炮车模型加工

一、项目要求

（1）分析图纸，明确加工要求，对炮车模型（如图 7-1 所示）加工进行工艺分析，做好分类加工的准备工作。

（2）参照加工工艺完成炮车模型的分类加工、检验和装配。

图 7-1　炮车模型

二、炮车模型图纸

炮车模型图纸如图 7-2～图 7-11 所示。

三、加工分类

根据炮车模型，对组成零件进行加工分类。图 7-2（车轮）、图 7-3（螺钉轴）、图 7-4（炮筒）、图 7-5（销套）、图 7-6（销柱）为车削加工；图 7-7（左侧板）、图 7-8（右侧板）、图 7-9（支撑板）为铣削加工；图 7-4（炮筒）、图 7-9（支撑板）、图 7-10（底板）为钳工加工。

四、加工工艺分工表

炮车模型加工工艺分工表见表 7-1。

图 7-2～图 7-6 主要为车削加工，图 7-7 和图 7-8 主要为铣削加工，图 7-9 和图 7-10 主要为钳工加工。其中，图 7-4（炮筒）车削加工后还需钳工钻孔加工，图 7-9（支撑板）钳工加工后还需铣工铣削加工。

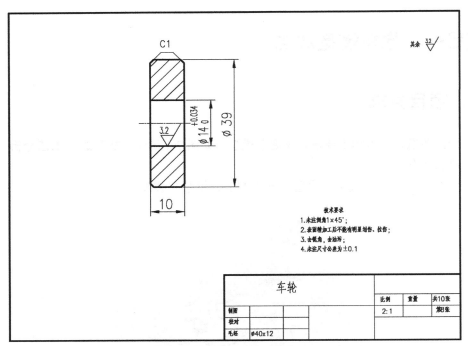

图 7-2 车轮

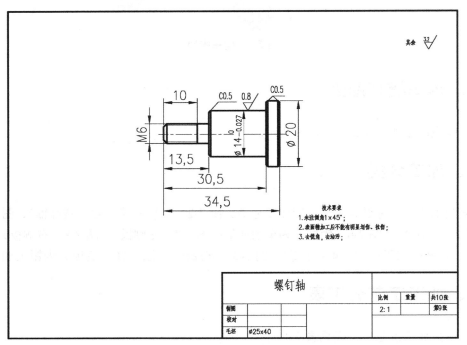

图 7-3 螺钉轴

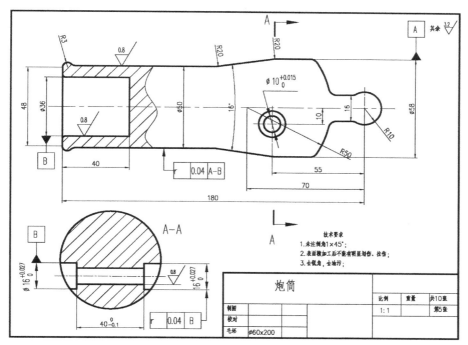

图 7-4　炮筒

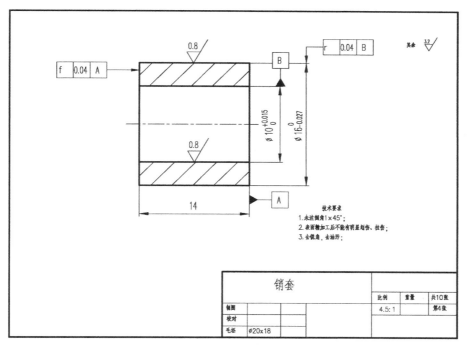

图 7-5　销套

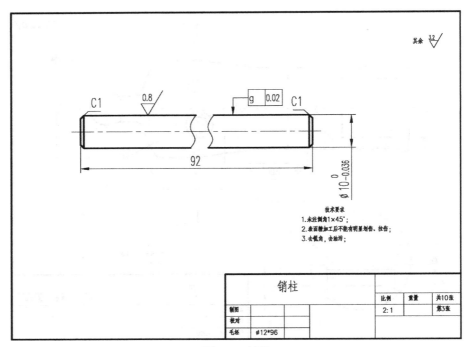

图 7-6 销柱

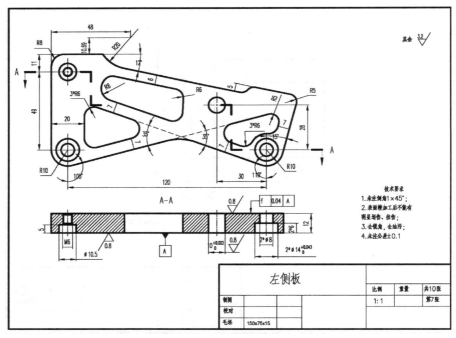

图 7-7 左侧板

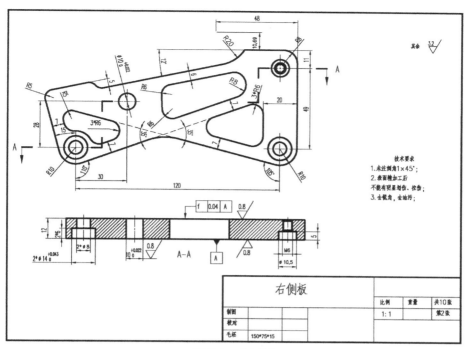

图 7-8　右侧板

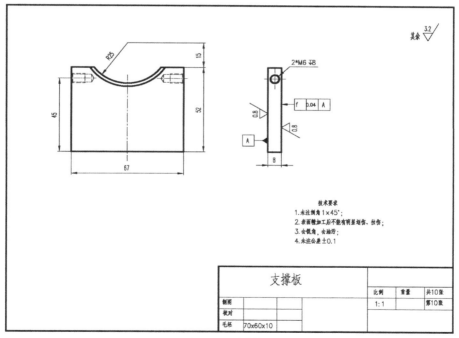

图 7-9　支撑板

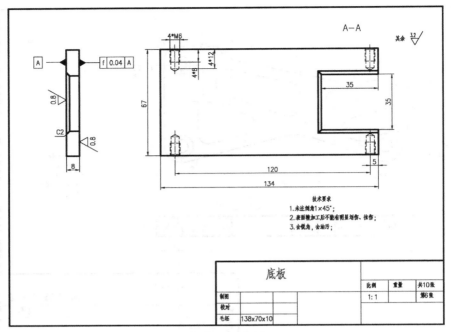

技术要求
1. 未注倒角1×45°;
2. 表面精加工后不能有明显划伤、拉伤;
3. 去锐角,去油污;

底板			比例	重量	共10张
制图			1:1		第6张
校对					
毛坯	138x70x10				

图 7-10　底板

按粗、精加工工艺依次加工,保证零件的尺寸精度和位置精度。全部零件加工完后,按照图 7-11(装配)进行装配,须保证各装配零件之间约束正确,装配间隙合理,机构运动顺畅。

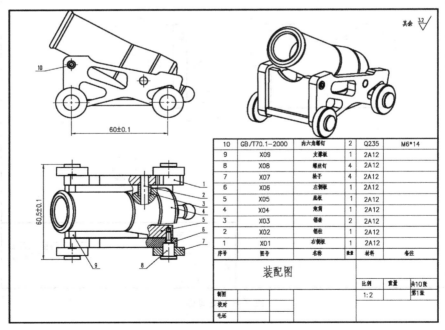

10	GB/T70.1-2000	内六角螺钉	2	Q235	M6*14
9	X09	支撑板	1	2A12	
8	X08	螺丝钉	4	2A12	
7	X07	垫子	4	2A12	
6	X06	左侧板	1	2A12	
5	X05	底板	1	2A12	
4	X04	炮筒	1	2A12	
3	X03	锚套	1	2A12	
2	X02	锚柱	1	2A12	
1	X01	右侧板	1	2A12	
序号	图号	名称	数量	材料	备注

装配图			比例	重量	共10张
制图			1:2		第1张
校对					
毛坯					

图 7-11　装配

表 7-1 炮车模型加工工艺分工表

产品名称	炮车模型	零件数目	共 18 件	零件材料	2A12		共 1 页
		零件图纸	图 7-2～图 7-11	特殊说明			第 1 页
分类序号	工序内容	车间	设备		工艺装备		工时（准终/单件）
1	读图，根据图纸做好加工分类，准备好机床、毛坯和工、量、刃具				钢直尺、锉刀、毛刷、平口钳、百分表、平行垫铁、车刀、铣刀、钻头、0～125mm 游标卡尺、千分尺、刀口尺、表面粗糙度样本等		
2	图 7-2～图 7-6 主要为车削加工		普通车床 CA6132				
3	图 7-7 和图 7-8 主要为铣削加工	普通机加工车间	普通铣床 X6235T				
4	图 7-9 和图 7-10 主要为钳工加工		虎钳				
5	图 7-4（炮筒）铣工铣削加工，车削加工后还需钳工钻孔加工，图 7-9（支撑板）钳工加工后还需铣工铣削加工		钻床、铣床				
6	锐边倒钝，将零件毛刺测清理干净		刮刀				
7	装配、调试						
			设计（日期）	审核（日期）	标准化（日期）		会签（日期）
标记	处数	更改文件号	签字	日期			
标记	处数	更改文件号	签字	日期			

五、任务评价与反馈

根据加工机床现状及实际加工条件，为满足零件图及装配图上的技术要求，应采用合理的加工工艺方法，如车轮定位，为确保装配后的车轮运动顺畅，实际加工时应考虑配作，或者考虑孔位的间隙借正。

加工时，允许根据实际加工条件对原设计图纸进行适当的调整。例如，固定的螺钉连接定位可改为 U 形开口槽，这样可适当降低加工难度，装配时调整方便。在原有零件结构不变的前提下，加工时可以适当增加一些拉伸与切除元素，实现局部优化，彰显产品个性，增强视觉效果。

加工时，须重点注意零件图上的精度标注。应根据零件某个部位的形状、位置或表面精度等级，选择适当的加工工艺。重点考虑装配后的运动效果。如果加工工艺选择不当，如加工内孔时选择铣削加工，那么圆度、圆柱度就会达不到要求，有装配要求的位置就会产生干涉。

1. 产品检验

用千分尺、游标卡尺、百分表、刀口尺自检，填写表 7-2。

表 7-2　炮车模型评分表

学生姓名			学号/工位号		总分		
零件名称	炮车模型		零件图号		加工时间		
考核项目	考核内容		配分	评分标准	自检	互检	教师
主要项目	1	图 7-2（车轮）	10	零件尺寸、形状、表面符合要求			
	2	图 7-3（螺钉轴）	8	零件尺寸、形状、表面符合要求			
	3	图 7-4（炮筒）	15	零件尺寸、形状、表面符合要求			
	4	图 7-5（销套）	4	零件尺寸、形状、表面符合要求			
	5	图 7-6（销柱）	4	零件尺寸、形状、表面符合要求			
	6	图 7-7（左侧板）	10	零件尺寸、形状、表面符合要求			
	7	图 7-8（右侧板）	10	零件尺寸、形状、表面符合要求			
	8	图 7-9（支撑板）	10	零件尺寸、形状、表面符合要求			
	9	图 7-10（底板）	10	零件尺寸、形状、表面符合要求			
	10	图 7-11（装配）	10	各装配零件之间约束正确，装配间隙合理，机构运动顺畅			
工件外观	工件表面		4	工件表面无夹伤、划伤痕迹			
安全文明生产	遵守安全生产各项规定，遵守车间管理制度		5	违反规章制度者，一次扣 2 分			
总配分			100	合计			
工时定额	360min			超时 30min 以内扣 10 分，超时 30min 以上不计分			
教学评价	○ 优秀（85 分及以上）　○ 良好（75~84 分） ○ 及格（60~74 分）　○ 不及格（60 分以下）				综合得分		
					教师签名		

2. 自我评价

（1）此炮车模型的加工难点在哪里？

_____

_____

（2）为保证炮车模型的运动性能，应重点注意哪些部位的加工和装配？

_____

_____

（3）项目加工心得：

_____

_____

项目二　小火车模型加工

一、项目要求

（1）分析图纸，明确加工要求，对小火车模型加工进行工艺分析，做好分类加工的准备工作。

（2）参照加工工艺完成小火车模型的分类加工、检验和装配。

二、小火车模型图纸

小火车模型图纸如图 7-12～图 7-19 所示。

三、加工分类

根据小火车模型，对组成零件进行加工分类。图 7-13（底板）为铣削加工，图 7-14（车身）为车削及钳工加工，图 7-15（烟囱）为车削加工，图 7-16（驾驶室）为铣削及钳工加工，图 7-17（车顶）为车、铣削及钳工加工，图 7-18（车轮）为车削加工，图 7-19（车轴）为车削加工。

四、加工工艺分工表

小火车模型加工工艺分工表见表 7-3。

按粗、精加工工艺依次加工，保证零件的尺寸精度和位置精度。全部零件加工完后，按照图 7-12（小火车装配图）进行装配，须保证各装配零件之间约束正确，装配间隙合理，机构运动顺畅。

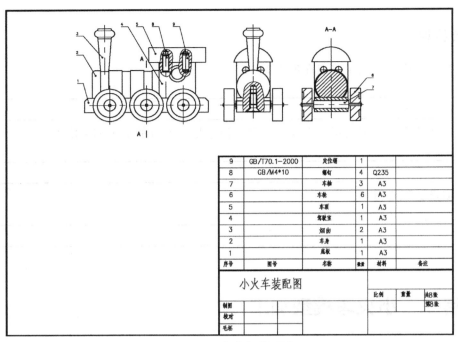

9	GB/T70.1—2000	定位销	1		
8	GB/M4*10	螺钉	4	Q235	
7		车轴	3	A3	
6		车轮	6	A3	
5		车顶	1	A3	
4		驾驶室	1	A3	
3		烟囱	2	A3	
2		车身	1	A3	
1		底板	1	A3	
序号	图号	名称	数量	材料	备注

小火车装配图				
		比例	重量	共8张
制图				第3张
校对				
毛坯				

图 7-12 小火车装配图

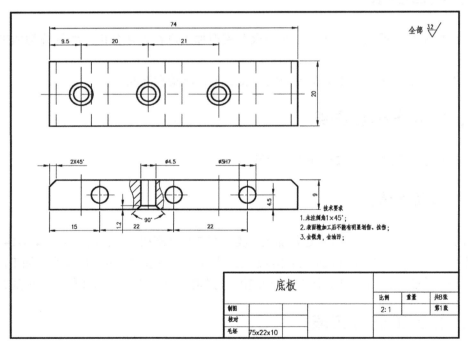

底板				
		比例	重量	共8张
制图		2:1		第1张
校对				
毛坯	75x22x10			

图 7-13 底板

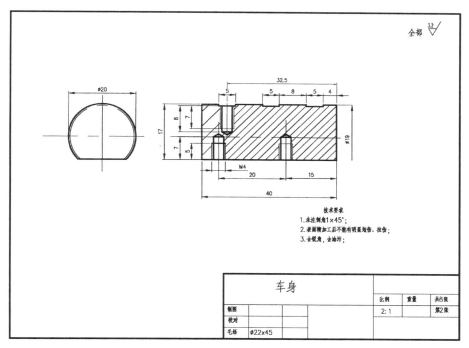

全部 $\overset{1.2}{\nabla}$

技术要求
1. 未注倒角1×45°;
2. 表面精加工后不能有明显划伤、拉伤;
3. 去毛刺, 去油污;

车身			比例	重量	共8张
			2:1		第2张
制图					
校对					
毛坯	Ø22×45				

图 7-14　车身

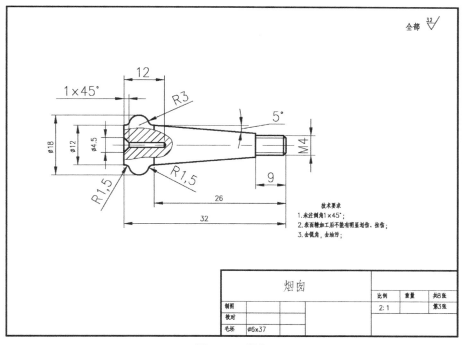

全部 $\overset{1.2}{\nabla}$

技术要求
1. 未注倒角1×45°;
2. 表面精加工后不能有明显划伤、拉伤;
3. 去毛刺, 去油污;

烟囱			比例	重量	共8张
			2:1		第3张
制图					
校对					
毛坯	Ø6×37				

图 7-15　烟囱

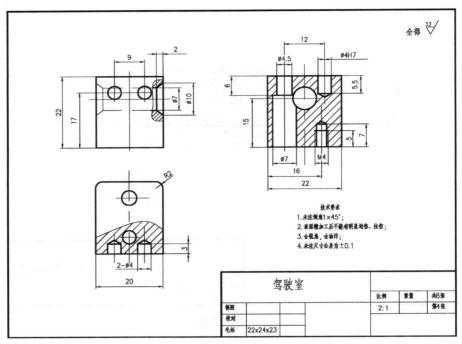

图 7-16　驾驶室

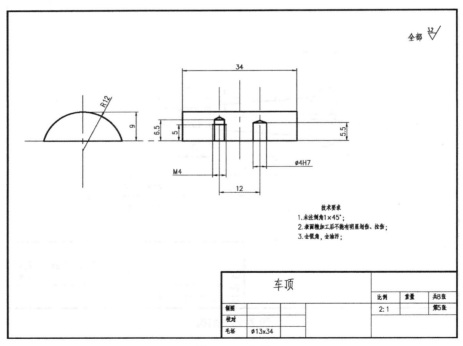

图 7-17　车顶

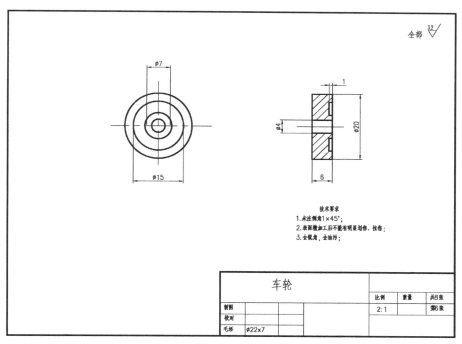

图 7-18 车轮

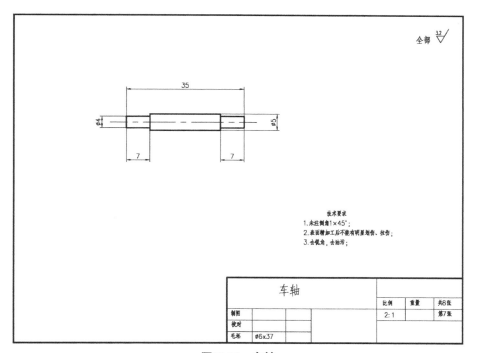

图 7-19 车轴

表7-3　小火车模型加工工艺分工表

产品名称	小火车模型	零件数目	共8件	零件图纸	图7-12~图7-19	零件材料	特殊说明	A3	共1页
									第1页

分类序号	工序内容	车间	设备	工艺装备	工时	
					准终	单件
1	读图，根据图纸做好加工分类，准备好机床、毛坯和工、量、刃具					
2	按照加工分类，完成零件的车削加工	普通机加工车间	普通车床CA6132	钢直尺、锉刀、毛刷、平口钳、百分表、平行垫铁、车刀、铣刀、钻头、0~125mm游标卡尺、千分尺、刀口尺、表面粗糙度样本等		
3	按照加工分类，完成零件的铣削加工		普通铣床X6235T			
4	按照加工分类，完成零件的钳工加工		虎钳			
5	锐边倒钝，将零件毛刺清理干净		钻床、铣床　刮刀			
6	装配、调试					

	设计（日期）	审核（日期）	标准化（日期）	会签（日期）

标记	处数	更改文件号	签字	日期		标记	处数	更改文件号	签字	日期

五、任务评价与反馈

根据加工机床现状及实际加工条件，为满足零件图及装配图上的技术要求，应采用合理的加工工艺方法，确保装配后各连接件运动顺畅。

加工时，允许根据实际加工条件对原设计图纸进行适当的调整。在原有零件结构不变的前提下，加工时可以适当增加一些拉伸与切除元素，实现局部优化，彰显产品个性，增强视觉效果。

加工时，须重点注意零件图上的精度标注。应根据零件某个部位的形状、位置或表面精度等级，选择适当的加工工艺。

1. 产品检验

用千分尺、游标卡尺、百分表、刀口尺自检，填写表7-4。

表7-4　小火车模型评分表

学生姓名			学号/工位号			总分			
零件名称		小火车模型	零件图号			加工时间			
考核项目		考核内容	配分		评分标准		自检	互检	教师
主要项目	1	图7-13（底板）	10		零件尺寸、形状、表面符合要求				
	2	图7-14（车身）	10		零件尺寸、形状、表面符合要求				
	3	图7-15（烟囱）	10		零件尺寸、形状、表面符合要求				
	4	图7-16（驾驶室）	10		零件尺寸、形状、表面符合要求				
	5	图7-17（车顶）	10		零件尺寸、形状、表面符合要求				
	6	图7-18（车轮）	15		零件尺寸、形状、表面符合要求				
	7	图7-19（车轴）	15		零件尺寸、形状、表面符合要求				
	8	装配	10		各装配零件之间约束正确，装配间隙合理，机构运动顺畅				
工件外观		工件表面	5		工件表面无夹伤、划伤痕迹				
安全文明生产		遵守安全生产各项规定，遵守车间管理制度	5		违反规章制度者，一次扣2分				
总配分			100		合计				
工时定额		360min			超时30min以内扣10分，超时30min以上不计分				
教学评价		○ 优秀（85分及以上）　○ 良好（75～84分） ○ 及格（60～74分）　○ 不及格（60分以下）				综合得分			
						教师签名			

2. 自我评价

（1）该模型的加工难点在哪里？

（2）为保证小火车模型的运动性能，应重点注意哪些部位的加工和装配？

_____

_____

（3）项目加工心得：

_____

_____

_____

_____

项目三　小坦克模型加工

一、项目要求

（1）分析图纸，明确加工要求，对小坦克模型（如图 7-20 所示）加工进行工艺分析，做好分类加工的准备工作。

（2）参照加工工艺完成小坦克模型的分类加工、检验和装配。

图 7-20　小坦克模型

二、小坦克模型图纸

小坦克模型图纸如图 7-21～图 7-25 所示。

三、加工分类

根据小坦克模型，对组成零件进行加工分类。图 7-21（炮筒）、图 7-22（炮塔）为钳工加工、图 7-23（炮塔安装板）、图 7-24（坦克身）为铣削加工、图 7-25（车轮）为车削加工；M6螺钉可采用标准件，装配时用。其中，图 7-24（坦克身）铣削加工后需要钳工攻丝。

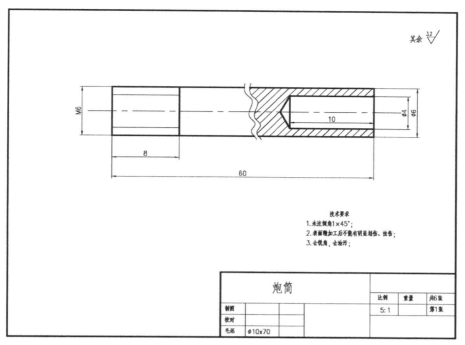

图 7-21　炮筒

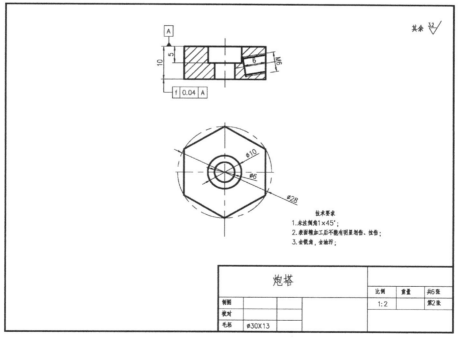

图 7-22　炮塔

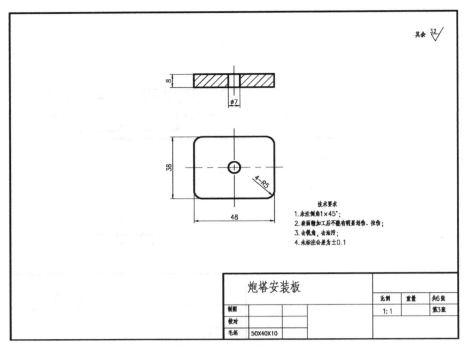

技术要求
1. 未注倒角1×45°；
2. 表面精加工后不能有明显划伤、拉伤；
3. 去锐角，去油污；
4. 未标注公差为±0.1

炮塔安装板		
	比例	重量	共6张
制图	1：1		第3张
校对			
毛坯	50X40X10		

图 7-23　炮塔安装板

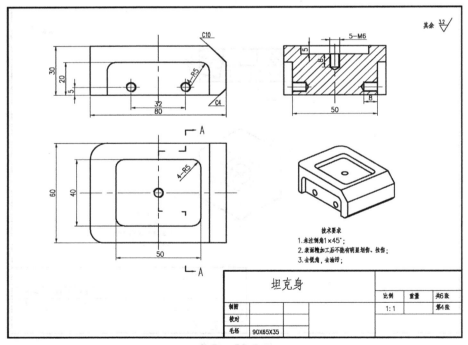

技术要求
1. 未注倒角1×45°；
2. 表面精加工后不能有明显划伤、拉伤；
3. 去锐角，去油污；

坦克身		
	比例	重量	共6张
制图	1：1		第4张
校对			
毛坯	90X65X35		

图 7-24　坦克身

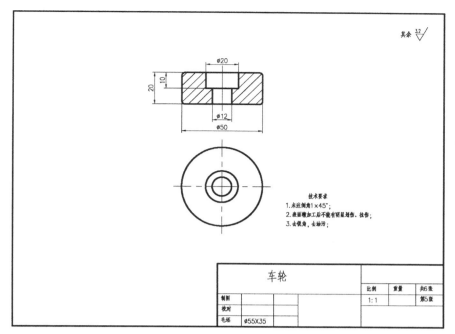

图 7-25　车轮

四、加工工艺分工表

小坦克模型加工工艺分工表见表 7-5。

按粗、精加工工艺依次加工，保证零件的尺寸精度和位置精度。全部零件加工完后，按照装配图进行装配，须保证各装配零件之间约束正确，装配间隙合理，机构运动顺畅。

五、任务评价与反馈

根据加工机床现状及实际加工条件，为满足零件图及装配图上的技术要求，应采用合理的加工工艺方法，如车轮定位，为确保装配后的车轮运动顺畅，实际加工时应考虑配作，或者考虑孔位的间隙借正。

加工时，允许根据实际加工条件对原设计图纸进行适当的调整。例如，固定的螺钉连接定位可改为 U 形开口槽，这样可适当降低加工难度，装配时调整方便。在原有零件结构不变的前提下，加工时可以适当增加一些拉伸与切除元素，实现局部优化，彰显产品个性，增强视觉效果。

加工时，须重点注意零件图上的精度标注。应根据零件某个部位的形状、位置或表面精度等级，选择适当的加工工艺。重点考虑装配后的运动效果。如果加工工艺选择不当，如加工内孔时选择铣削加工，那么圆度、圆柱度就会达不到要求，有装配要求的位置就会产生干涉。

表 7-5　小坦克模型加工工艺分工表

产品名称	小坦克模型	零件数目	共13件	零件材料	45钢		共1页
		零件图纸	图7-21~图7-25	特殊说明			第1页

分类序号	工序内容	车间	设备	工艺装备	工时 准终	工时 单件
1	读图，根据图纸做好加工分类，准备好机床、毛坯和工、量、刃具			钢直尺、锉刀、毛刷、平口钳、百分表、平行垫铁、车刀、铣刀、钻头、0~125mm游标卡尺、千分尺、刀口尺、表面粗糙度样本等		
2	图7-21和图7-25主要为车削加工		普通车床CA6132			
3	图7-23和图7-24主要为铣削加工	普通机加工车间	普通铣床X6235T			
4	图7-22主要为钳工加工		虎钳			
5	图7-24（坦克身）铣削加工后还需钳工钻孔加工		钻床、铣床			
6	锐边倒钝，将零件毛刺清理干净		刮刀			
7	装配、调试					
		设计（日期）	审核（日期）	标准化（日期）	会签（日期）	

标记	处数	更改文件号	签字	日期	标记	处数	更改文件号	签字	日期

1. 产品检验

用千分尺、游标卡尺、百分表、刀口尺自检，填写表 7-6。

表 7-6 小坦克模型评分表

学生姓名			学号/工位号			总分			
零件名称		小坦克模型	零件图号			加工时间			
考核项目		考核内容	配分		评分标准		自检	互检	教师
主要项目	1	图 7-21（炮筒）	15		零件尺寸、形状、表面符合要求				
	2	图 7-22（炮塔）	10		零件尺寸、形状、表面符合要求				
	3	图 7-23（炮塔安装板）	15		零件尺寸、形状、表面符合要求				
	4	图 7-24（坦克身）	25		零件尺寸、形状、表面符合要求				
	5	图 7-25（车轮）	10		零件尺寸、形状、表面符合要求				
	6	装配	10		各装配零件之间约束正确，装配间隙合理，机构运动顺畅				
工件外观		工件表面	5		工件表面无夹伤、划伤痕迹				
安全文明生产		遵守安全生产各项规定，遵守车间管理制度	10		违反规章制度者，一次扣 2 分				
总配分			100		合计				
工时定额		360min			超时 30min 以内扣 10 分，超时 30min 以上不计分				
教学评价		○ 优秀（85 分及以上）　　○ 良好（75～84 分） ○ 及格（60～74 分）　　○ 不及格（60 分以下）					综合得分		
							教师签名		

2. 自我评价

（1）此小坦克模型的加工难点在哪里？

_____

_____

（2）为保证小坦克模型的运动性能，应重点注意哪些部位的加工和装配？

_____

_____

（3）项目加工心得：

_____

_____

_____

_____

项目四　平口钳

一、项目要求

（1）分析图纸，明确加工要求，对平口钳加工进行工艺分析，做好分类加工的准备工作。
（2）参照加工工艺完成平口钳的分类加工、检验和装配。

二、平口钳图纸

平口钳图纸如图 7-26～图 7-34 所示。

三、加工分类

根据平口钳结构，对组成零件进行加工分类。图 7-26～图 7-31 主要为铣削加工，图 7-32（螺杆）、图 7-33（手柄）为车削加工，图 7-34（挡板）为钳工加工。螺钉都采用标准件，装配时用。

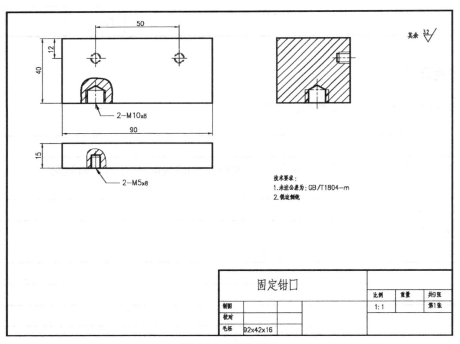

图 7-26　固定钳口

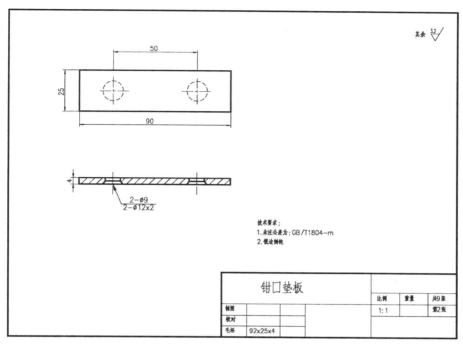

图 7-27 钳口垫板

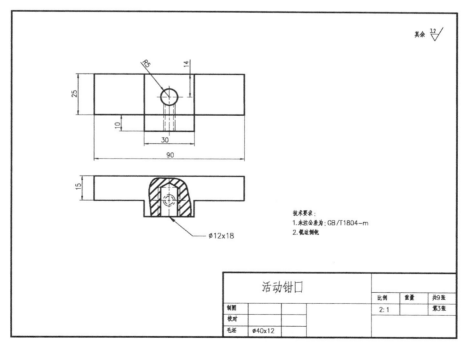

图 7-28 活动钳口

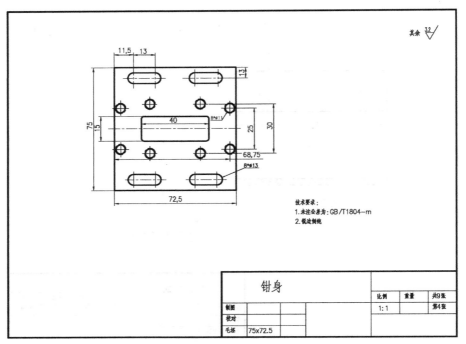

图7-29 钳身

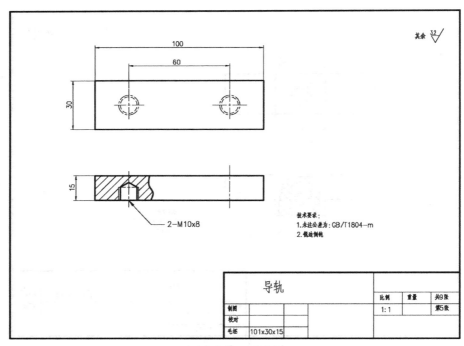

图7-30 导轨

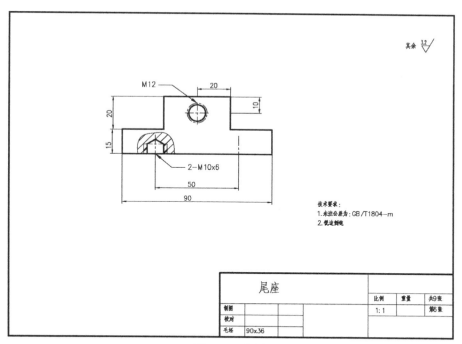

图 7-31 尾座

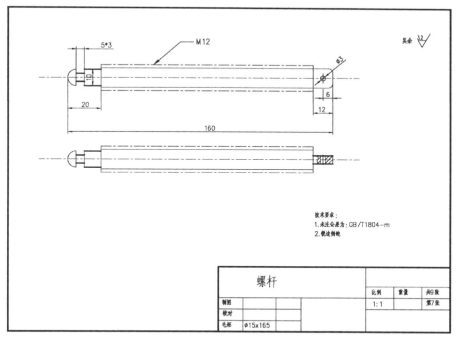

图 7-32 螺杆

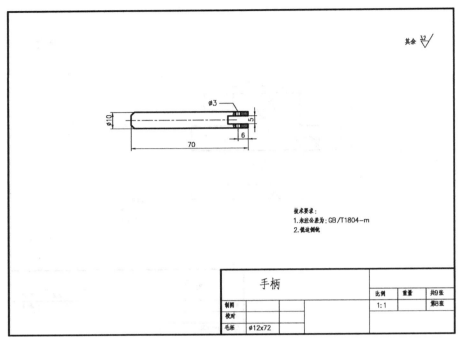

图 7-33　手柄

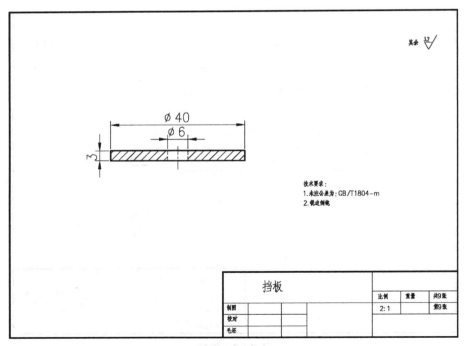

图 7-34　挡板

四、加工工艺分工表

平口钳加工工艺分工表见表 7-7。

应按粗、精加工工艺依次加工，保证零件的尺寸精度和位置精度。全部零件加工完后进行装配，须保证各装配零件之间约束正确，装配间隙合理，机构运动顺畅。

五、任务评价与反馈

根据加工机床现状及实际加工条件，为满足零件图及装配的技术要求，应采用合理的加工工艺方法。

加工时，允许根据实际加工条件对原设计图纸进行适当的调整。这样能适当降低加工难度，装配时调整方便。在原有零件结构不变的前提下，加工时可以适当增加一些拉伸与切除元素，实现局部优化，彰显产品个性，增强视觉效果。

加工时，须重点注意零件图上的精度标注。应根据零件某个部位的形状、位置或表面精度等级，选择适当的加工工艺。重点考虑装配后的运动效果。如果加工工艺选择不当，如加工内孔时选择铣削加工，那么圆度、圆柱度就会达不到要求，有装配要求的位置就会产生干涉。

1. 产品检验

用千分尺、游标卡尺、百分表、刀口尺自检，填写表 7-8。

2. 自我评价

（1）平口钳的加工难点在哪里？

_____

_____

（2）为保证平口钳的运动性能，应重点注意哪些部位的加工和装配？

_____

_____

（3）项目加工心得：

_____

_____

表 7-7 平口钳加工工艺分工表

产品名称	平口钳	零件数目	共 11 件	零件材料	45 钢	共 1 页
		零件图纸	图 7-26～图 7-34	特殊说明		第 1 页

分类序号	工序内容	车间	设备	工艺装备	工时（准/终）
					准终（单件）
1	读图，根据图纸做好加工分类，准备好机床、毛坯和工、量、刃具			钢直尺、锉刀、毛刷、平口钳、百分表、平行垫铁、车刀、铣刀、钻头、0～125mm 游标卡尺、千分尺、刀口尺、表面粗糙度样本等	
2	图 7-32 和图 7-33 主要为车削加工	普通机加工车间	普通车床 CA6132		
3	图 7-26～图 7-31 主要为铣削加工		普通铣床 X6235T		
4	图 7-34 主要为钳工加工		虎钳		
5	图 7-32（螺杆）车削加工后还需钳工锉削平面、钻孔，图 7-33（手柄）车削加工后还需钳工开槽、钻孔，图 7-34（挡板）建议铣工制作后由钳工钻孔、攻螺纹，其余各件建议铣工制作后		钻床、铣床		
6	锐边倒钝，将零件毛刺清理干净		刮刀		
7	装配、调试				

				设计（日期）	审核（日期）	标准化（日期）	会签（日期）
标记	处数	更改文件号	签字	日期	标记	处数	更改文件号	签字	日期

表7-8 平口钳制作评分表

学生姓名			学号/工位号			总分			
零件名称		平口钳	零件图号			加工时间			
考核项目		考核内容	配分	评分标准			自检	互检	教师
主要项目	1	图7-26（固定钳口）	4	零件尺寸、形状、表面符合要求					
	2	图7-27（钳口垫板）	10	零件尺寸、形状、表面符合要求					
	3	图7-28（活动钳口）	4	零件尺寸、形状、表面符合要求					
	4	图7-29（钳身）	15	零件尺寸、形状、表面符合要求					
	5	图7-30（导轨）	4	零件尺寸、形状、表面符合要求					
	6	图7-31（尾座）	4	零件尺寸、形状、表面符合要求					
	7	图7-32（螺杆）	10	零件尺寸、形状、表面符合要求					
	8	图7-33（手柄）	10	零件尺寸、形状、表面符合要求					
	9	图7-34（挡板）	10	零件尺寸、形状、表面符合要求					
	10	装配	10	各装配零件之间约束正确，装配间隙合理，机构运动顺畅					
工件外观		工件表面	9	工件表面无夹伤、划伤痕迹					
安全文明生产		遵守安全生产各项规定，遵守车间管理制度	10	违反规章制度者，一次扣2分					
		总配分	100	合计					
工时定额		360min		超时30min以内扣10分，超时30min以上不计分					
教学评价		○ 优秀（85分及以上） ○ 良好（75～84分） ○ 及格（60～74分） ○ 不及格（60分以下）				综合得分			
						教师签名			

SPOC官方公众号

欢迎广大院校师生 **免费注册体验**

www.hxspoc.cn

华信SPOC在线学习平台

专注教学

教学课件
师生实时同步

数百门精品课
数万种教学资源

多种在线工具
轻松翻转课堂

支持PC、微信使用

测试、讨论
投票、弹幕……
互动手段多样

一键引用，快捷开课
自主上传、个性建课

教学数据全记录
专业分析、便捷导出

SPOC宣传片

登录 www.hxspoc.com 检索 SPOC 使用教程 获取更多

教学服务QQ群： 231641234

教学服务电话：010-88254578/4481 　教学服务邮箱：hxspoc@phei.com.cn

电子工业出版社有限公司　　华信教育研究所